电工技能实训

主　编　李永佳　方　瑜
副主编　周　成　王　函　龚先进　姚声阳
参　编　雷世琴　王　东　王　力　徐立志
　　　　王　丹
主　审　赵争召

机械工业出版社

本书根据教育部最新颁布的《中等职业学校电工技术基础与技能教学大纲》，依照中等职业教育"电工技术基础与技能"课程标准的要求，并参考相关国家职业技能标准编写而成。本书主要内容包括：安全用电和触电急救；常见电工工具及导线连接；电路参数的测试；电阻器的识别与测试；电容器和电感器的识别与测试；钎焊技术；照明电路的设计与安装；低压电器和三相异步电动机和三相异步电动机的起停控制等。

　　本书可作为中等职业学校电工技术基础与技能课程的教材，也可作为相关电气技术人员的参考用书。

图书在版编目（CIP）数据

电工技能实训／李永佳，方瑜主编. -- 北京：机械工业出版社，2024. 12. -- ISBN 978-7-111-77787-8

Ⅰ. TM

中国国家版本馆 CIP 数据核字第 2025TS6880 号

机械工业出版社（北京市百万庄大街 22 号　邮政编码 100037）
策划编辑：王振国　　　　　　　　　责任编辑：王振国　王华庆
责任校对：韩佳欣　李小宝　　　　　封面设计：陈　沛
责任印制：常天培
北京机工印刷厂有限公司印刷
2025 年 4 月第 1 版第 1 次印刷
184mm×260mm · 8 印张 · 192 千字
标准书号：ISBN 978-7-111-77787-8
定价：39. 80 元

电话服务　　　　　　　　　　　网络服务
客服电话：010-88361066　　　　机　工　官　网：www.cmpbook.com
　　　　　010-88379833　　　　机　工　官　博：weibo.com/cmp1952
　　　　　010-68326294　　　　金　书　网：www.golden-book.com
封底无防伪标均为盗版　　　机工教育服务网：www.cmpedu.com

前　言

　　为贯彻落实党的二十大关于"加快建设国家战略人才力量，努力培养造就更多大师、战略科学家、一流科技领军人才和创新团队、青年科技人才、卓越工程师、大国工匠、高技能人才"的指示精神，编者根据教育部最新颁布的《中等职业学校电工技术基础与技能教学大纲》，依照中等职业教育"电工技术基础与技能"课程标准的要求，并参考相关国家职业技能标准编写了本课程的配套实训教材。在编写过程中，严格遵循"教学大纲"和"课程标准"的要求，着重培养学生实际动手能力；更新教学内容，贴近电工技术的发展；注意岗位衔接，兼顾国家职业技能标准，将学历教育的内容与职业技能等级认定考核紧密结合。

　　本书旨在帮助学生系统掌握电工的基本技能和操作技巧，培养具备扎实电工技能的专业人才。通过学习本课程，学生能够了解电工技能的基本理论和原理，掌握电工操作的基本技能和方法，提高解决实际问题的能力。本书包含9个项目，共23个任务，让学生多角度、多方位学习电工技术及基本技能。通过学习本书，学生可以掌握必备的电工用电安全知识与触电急救技能、常见电工工具与钎焊技术的使用、电路参数的测试、电阻器/电容器/电感器的识别与测试、照明电路的设计与安装、低压电器和三相异步电动机的安装与检测以及三相异步电动机的起停控制等知识与技能，为继续学习其他专业课程奠定基础。

　　本书在编写时严格依据课程标准的要求，努力体现以下特色：

　　1. 注重技能的实用性和可操作性

　　本书通过大量的操作指导，帮助学生掌握电工的基本操作技能和方法，还提供了丰富的技能训练和考核内容，使学生能够在实际操作中不断提升自己的电工技能水平。同时，本书突出实践能力的培养，将理论与实践一体化，凸显中等职业教育的特色。

　　2. 突出探索精神和创新思维

　　内容涵盖了电工技能的各个方面，从基本技能到高级技能，从电工安全到电路安装，进行了全面而系统的介绍。这种全面性和系统性使得学生能够全面掌握电工的各项技能，形成完整的技能体系，为学生在今后发展过程中进行更深层次的探索和创新提供必要的准备，深化学生在电工技术及相关应用领域中创新精神和创造能力的培养。

　　3. 图文并茂，强化应用能力的培养

　　本书图文并茂，通过丰富的图表和实物照片，直观地展示电工操作的过程和要点。这种编写方式使学生能够更加直观地理解电工技能，提高学习效率，同时在操作过程中体现新知识、新技术和新工艺。

4. 与时俱进，反映电工技术的新发展

本书注重参照最新的电工技术和行业标准，确保内容与时俱进。同时，本书还关注电工行业的发展趋势和未来需求，为读者提供前瞻性的知识和技能。

5. 融入课程思政元素，注重职业素养的培养

本书注重培养学生的职业素养和安全意识，强调电工操作中的安全注意事项和操作规范，帮助学生形成良好的工作习惯和职业道德。

本课程建议 84 学时，教学学时安排建议见下表。

项目	项目名称	建议学时	机动学时
项目一	安全用电和触电急救	2	
项目二	常见电工工具及导线连接	3	1
项目三	电路参数的测试	6	2
项目四	电阻器的识别与测试	4	2
项目五	电容器和电感器的识别与测试	4	
项目六	钎焊技术	10	2
项目七	照明电路的设计与安装	12	4
项目八	低压电器和三相异步电动机	12	2
项目九	三相异步电动机的起停控制	16	2
	总计	69	15

本书由重庆市渝北职业教育中心的李永佳、方瑜任主编。编写任务分配如下：李永佳编写项目三并负责全书的统稿工作；方瑜编写项目二；龚先进编写项目一；王函编写项目四；王丹编写项目五；徐立志、雷世琴编写项目六；王东编写项目七；周成编写项目八；王力、姚声阳编写项目九。本书由赵争召任主审，审阅了全书，提出了许多宝贵建议，在此表示衷心的感谢。

由于编者水平有限，书中难免有不妥之处，恳请各位专家和广大读者批评、指正。

编　者

目　录

项目一　安全用电和触电急救

电早已成为人们生产生活中不可缺少的一部分，但触电事故仍时有发生。那么，什么时候电是安全的？什么时候会发生触电事故？安全电压、安全电流又是怎么一回事？发生触电事故后我们该怎么办？带着这些问题，我们来学习一下安全用电和触电急救。

【学习目标】

知识目标	1. 了解安全电压和安全电流。 2. 掌握触电的几种类型和触电后的处理、施救方法。 3. 了解保护接地和保护接零。
能力目标	1. 能用口对口人工呼吸法进行急救。 2. 能用胸外心脏按压法进行急救。
素养目标	1. 培养学生安全用电意识。 2. 培养学生安全用电习惯，倡导绿色、环保的用电方式。

任务一　安全用电的认识

【任务描述】

怎样才能实现用电安全？触电又有哪些情况？应该如何保护电力用户，使电力用户安全用电？

【知识链接】

一、安全电压

安全电压是指不致造成人身触电事故的电压，一般低于 36V。我国安全电压额定值的等级有 5 个：42V、36V、24V、12V 和 6V。不同条件不同场所选用的安全电压等级不同。42V 通常针对手持电动工具；36V 通常用于安全特低电压；24V 通常是可以持续接触的场所；12V 是绝对安全电压；6V 通常用于水下作业等环境。

二、安全电流

安全电流又称为允许持续电流，人体安全电流即通过人体电流的最低值。一般 1mA 的电流通过人体时即有感觉；25mA 以上时人体就很难摆脱；50mA 会使人呼吸麻痹，心脏开始颤动，数秒后就可致命。安全电流随着环境、人的身体状况不同而不同。

三、触电的类型

（一）触电的种类

触电是指人体某些部位接触带电体，人体与带电体形成电流通路，并有电流流过人体，并造成伤害的过程。

电流对人体造成的伤害有两种：电击和电伤。电击是指电流对人体内部组织造成的伤害；电伤是指电流的热效应、化学效应、机械效应对人体外部造成的伤害。电伤的主要形式有灼伤、电烙印、皮肤金属化、机械性损伤、电光眼等。

（二）触电的类型

根据人体接触带电体的具体情况，触电的类型分为 4 种：单相触电、双相触电、跨步电压触电和悬浮电路触电。

1. 单相触电

人体的一部分接触带电体时，另一部分与大地或中性线相接，电流从带电体流经人体到大地或中性线造成的触电，如图 1-1 所示（L 代表相线，N 代表零线）。

2. 双相触电

人体的不同部分同时接触两相电源时造成的触电，如图 1-2 所示（L1～L3 分别为第一、二、三相线）。这时，无论电网中性点是否接地，人体所承受的线电压将比单相触电时高，危险更大。单相电压为 220V 时，两相之间的电压约为 380V。

图 1-1　单相触电

图 1-2　双相触电

3. 跨步电压触电

雷电流入大地或电力线（特别是高压线）跌落到大地时，会在接地点及其周围形成强电场。其电位以接地点为圆心向四周扩散，逐步降低。距离接地点越近，电位越高；距离接地点越远，电位越低。当人进入这个区域时，两脚之间出现的电位差称为跨步电压。在该电压作用下，电流从高电位的脚流入，从低电位的脚流出，从而造成触电，如图 1-3 所示。跨步电压的大小取决于人体站立点与接地点的距离，距离越小，其单位距离的跨步电压越大。当距离超过 20m（理论上为无穷远处），可认为跨步电压为零，不会发生触电危险。

4. 悬浮电路触电

悬浮电路触电是电通过有一、二次绕组互相绝缘的变压器后（即：一、二次绕组之间没有直接电路联系而只有磁路联系），从二次侧输出的电压零线不接地，相对于大地处于悬浮状态，人站在地面上接触其中一根带电线，一般没有触电感觉，但同时接触二次侧电路中的两点，就有可能构成回路，造成触电。大量的电子设备是以金属底板或印制电路板作为公共接"地"端，如果操作者身体的一部分接触底板（接"地"点），另

图 1-3 跨步电压触电

一部分接触高电位端，就会造成触电。因此，悬浮电路上的操作一般要求单手操作，避免发生触电事故。

（三）绝缘

我们通常采用绝缘的方法预防触电事故的发生。绝缘措施通常是用绝缘材料把带电体封闭起来。良好的绝缘既能保证电气设备和线路正常运行，也能保证电力用户的人身安全。常用的绝缘措施有绝缘拉杆、绝缘手套、绝缘鞋、绝缘垫和绝缘台等。

（四）影响触电危害程度的因素

影响触电危害程度的因素主要有以下几点：

1）电流。触电对人体的伤害与电流成正比，当电压相同的情况下，电流越大，对人体的伤害也就越大。

2）电压高低。触电对人体的伤害与电压高低成正比，电压越高，对人体的伤害也就越大。

3）人体电阻。人体电阻是指人体对电流的阻碍能力，不同的人有不同的电阻值，一般情况下，人体电阻为 $1 \sim 10 k\Omega$。人体电阻的大小会影响触电时流经人体的电流大小，从而影响触电的危害程度。

4）触电时间。触电时间越长，对人体的伤害也就越大。如果触电时间超过心脏的应激期，就会导致心脏停搏，从而对人体造成极大的伤害。

5）电流频率。电流频率对人体的伤害也有影响，一般情况下，频率为 $25 \sim 300 Hz$ 的交流电对人体的伤害最大，而直流电和高频电流对人体的伤害相对较小。

6）电流通过人体的途径。电流通过头部可使人昏迷；通过脊髓可导致肢体瘫痪；若通过心脏、呼吸系统和中枢神经，可导致心跳停止、血循环中断和精神失常。

四、保护接地与保护接零

1. 保护接地

保护接地是为防止电气装置的金属外壳、配电装置的构架和线路杆塔等带电，危及人身和设备安全而进行的接地，也就是将电气设备的金属外壳、框架等通过接地装置与大地相连，防止触电事故的发生，如图 1-4 所示。保护接地一般用于配电变压器中性点不直接接地（三相三线制）的供电系统中，用以保证当电气设备因绝缘损坏而漏电时产生的对地电压不超过安全范围。接地电阻一般小于 4Ω。

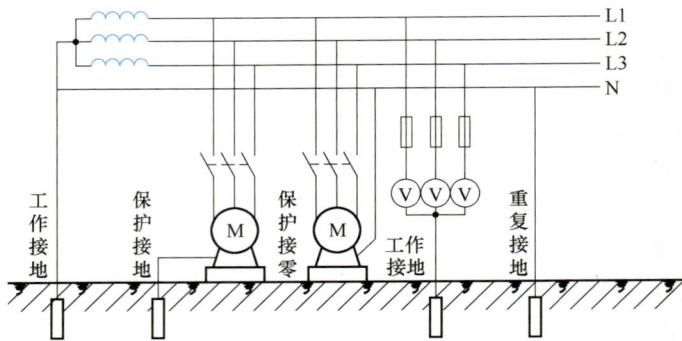

图 1-4 保护接地

2. 保护接零

保护接零是把电气设备的金属外壳和电网的零线可靠连接，以保护人身安全的一种安全防护措施，如图 1-5 所示。在设备绝缘损坏而发生漏电或碰壳时，就会变成单相短路故障，促使电源保护装置动作，切断电源，从而起到保护人身安全的作用。保护接零适用于中性点直接接地的低压（220/380V）系统中。在中性点直接接地的低压电网中，把电气设备的外壳与接地零线连接在一起，在发生漏电时，通过保护接零形成单相短路，很大的短路电流将直接促使线路上的保护装置迅速动作，切断电源，消除隐患。

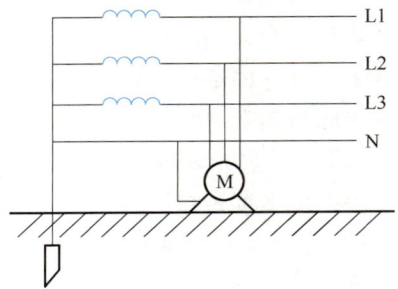

图 1-5 保护接零

在同一电源供电的电气设备上，不允许一部分设备采用保护接零，另一部分设备采用保护接地。

【学习评价】

序号	考核内容	配分	评分要素	自评	互评	师评
1	小组准备	10 分	小组分工明确，能够对任务内容及实施步骤进行精心准备			
2	操作技能	30 分	能熟练运用所学知识进行安全用电的防护			
3	成果展示与任务报告	20 分	成果展示内容充实、语言规范，实践活动报告结构完整、观点正确			
4	学习态度与课堂纪律	15 分	学习积极主动、态度认真，遵守教学秩序			
5	自主学习与动手能力	10 分	具有探究精神、自学意识和较强的动手能力，善于发现问题			
6	团队配合	15 分	团队意识强，小组成员配合默契，问题解决及时			
7	总分统计	100 分				
8	综合评价					

任务二　触电急救的实施

【任务描述】

电工或电力用户因错误操作出现触电事故后，我们该如何处理才能尽最大可能地救人呢？怎样才能有效地对触电者进行施救呢？

【知识链接】

一、触电应急处理

发现有人触电，最关键也是首先要做的是使触电者迅速脱离电源。

对于低压触电事故，若触电地点附近有电源开关或插头，可立即断开开关或拔掉电源插头，即可将电源切断；若电源开关远离触电地点，可用有绝缘柄的电工钳或干燥木柄的斧头分相切断电线，断开电源，或将干木板等绝缘物插入触电者身下，以隔断电流；若电线搭落在触电者身上或被压在身下时，可用干燥的衣服、手套、绳索、木板、木棒等绝缘物作为工具，拉开触电者或挑开电线，使触电者脱离电源。

对于高压触电事故，应立即通知有关部门停电，然后戴上绝缘手套，穿上绝缘靴，用相应电压等级的绝缘工具断开开关，再抛掷裸金属线使线路短路接地，迫使保护装置动作，断开电源（注意在抛掷金属线前，应先将金属线的一端可靠地接地，然后抛掷另一端）。

二、触电急救方法

当触电者脱离电源后，应在现场就地检查、抢救。先将触电者移至通风干燥的地方，使其仰天平卧，松开衣扣和腰带，检查瞳孔是否放大、呼吸和心跳是否存在。对于失去知觉的触电者，若是呼吸不齐、微弱或者呼吸停止而有心跳的，应采用口对口人工呼吸法进行抢救；对于有呼吸而无心跳者，应采用胸外心脏按压法进行抢救。对于触电事故，多数情况都是两种方法交替使用。

1. 口对口人工呼吸法

第一步，开放触电者呼吸道，及时清除其口腔分泌物。即先松开衣裤，再将颈部伸直，头部后仰，掰开口腔，清除口中污物，取下假牙，若舌头后缩还应拉出舌头。如果触电者牙关紧闭，可以用木片、金属片等从嘴角处伸入牙缝慢慢撬开牙关。

第二步，对触电者进行人工呼吸。施救者一手放在患者前额，并用拇指和食指捏住触发者的鼻孔，另一手握住其下巴，使头尽量后仰，保持气道开放状态。施救者深吸一口气，张开口以包住患者的嘴，向患者嘴内连续吹气 2 次，每次吹气时间为 $1\sim1.5\mathrm{s}$，若吹气有效，可观察到患者胸廓随吹气而抬起；停止吹气后，松开捏住鼻孔的手，俯耳可听见有气流呼出的声音。注意吹气时要观察触电者胸腹隆起的程度，若起伏过大，说明吹气太多，容易吹破肺泡；若起伏很小，则吹气不足。

对成年触电者进行人工呼吸的频率为每分钟吹气 $14\sim16$ 次，未成年人每分钟吹气 $18\sim24$ 次。

2. 胸外心脏按压法

第一步，调整体位。先将患者移至平地，摆直患者身体，两手放于身体两侧，去枕仰卧于硬质地面上，确定触发者口腔中没有异物和牙套，将患者头偏向一侧。

第二步，按压准备。施救者应紧靠触电者胸部一侧，一般采用跪姿体位；然后解开触发者衣服，充分暴露患者前胸。

第三步，按压操作。正确的按压部位在两乳头连线的中点上，抢救者首先以右手的掌根放在按压点上，然后将左手掌根重叠放于另一只手手背上，使手指翘起脱离胸壁，也可采用两手手指交叉抬手指。抢救者的手臂与胸骨保持垂直、肘关节伸直，借助身体体重的力量，通过汉臂和手掌垂直用力向下按压，下压深度为 5 ~ 6cm，按压频率为每分钟 100 ~ 120 次，按压与放松时间大致相等。

一般情况下，触电急救需要口对口人工呼吸和胸外心脏按压两种方法一起使用施救，通常进行 30 次按压操作后进行 2 次人工呼吸，循环往复，直至救援到来。如果有多名抢救者，应每 2min 轮换按压者，每次更换时间控制在 5s 内。

【任务实施】

一、工具器材

心肺复苏模拟、衬垫或衬纸。

二、实训操作

1）分组，每组 3-4 人；一人操作，两人观察，轮流换位。

2）对心肺复苏模拟进行施救前，要先对组长口述：报告组长，发现有人触电，已脱离电源，准备进行触电急救，请拨打 120 求救。

3）利用心肺复苏模拟进行口对口人工呼吸法训练。

4）利用心肺复苏模拟进行胸外心脏按压法训练。

【学习评价】

序号	考核内容	配分	评分要素	自评	互评	师评
1	小组准备	10 分	小组分工明确,能够对任务内容及实施步骤进行精心准备			
2	操作技能	30 分	能熟练运用所学技能对心肺复苏模拟进行施救,并施救成功			
3	成果展示与任务报告	20 分	成果展示内容充实、语言规范,实践活动报告结构完整、观点正确			
4	学习态度与课堂纪律	15 分	学习积极主动、态度认真,遵守教学秩序			
5	自主学习与动手能力	10 分	具有探究精神、自学意识和较强的动手能力,善于发现问题			
6	团队配合	15 分	团队意识强,小组成员配合默契,问题解决及时			
7	总分统计	100 分				
8	综合评价					

【知识拓展】

我国供电系统简介

我国电力供电系统大致可分为 TN、IT 和 TT 三种。

1. TN 供电系统

TN 供电系统是一个中性点接地的三相电网系统。TN 供电系统又分为 TN-S、TN-C 和 TN-C-S 三种表现形式。

TN-S 供电系统（见图 1-6）中保护线和中性线分开，系统造价较高。由于正常时 PE 线不通过负荷电流，故与 PE 线相连的电气设备金属外壳在正常运行时不带电。

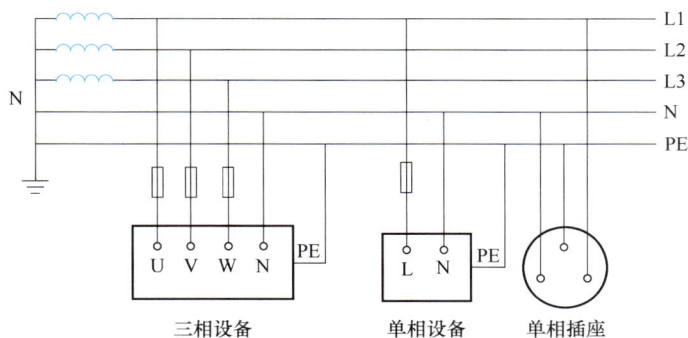

图 1-6　TN-S 供电系统

TN-C 供电系统（见图 1-7）中保护线与中性线合并为 PEN 线，具有简单、经济的优点。当发生接地短路故障时，故障电流大，可使电流保护装置动作，切断电源。对于单相负荷及三相不平衡负荷的线路，PEN 线总有电流流过，其产生的压降，将会呈现在电气设备的金属外壳上，对敏感性电子设备不利。此外，PEN 线上微弱的电流在危险的环境中可能引起爆炸，所以有爆炸危险环境不能使用 TN-C 供电系统。

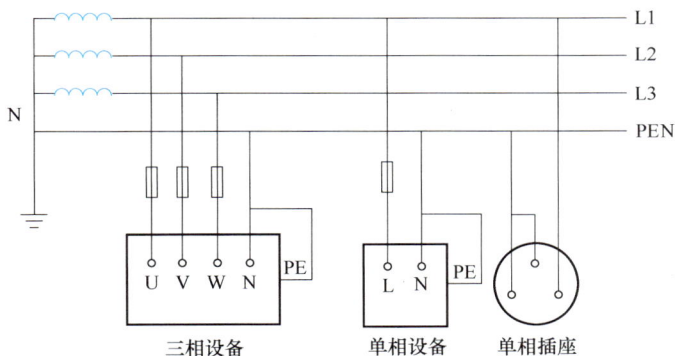

图 1-7　TN-C 供电系统

TN-C-S 供电系统如图 1-8 所示。PEN 线自 A 点起分开为保护线（PE）和中性线（N）。分开以后 N 线应对地绝缘。为防止 PE 线与 N 线混淆，应分别给 PE 线和 PEN 线涂上黄绿相间的色标，N 线涂上浅蓝色色标。自分开后，PE 线不能再与 N 线合并。TN-C-S 供电系统是一个被广泛采用的配电系统，无论在工矿企业还是民用建筑中，其线路结构简单，又能保证一定安全。

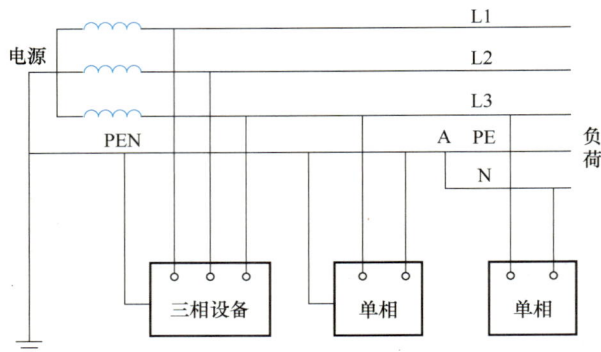

图 1-8　TN-C-S 供电系统

2. IT 供电系统

IT 供电系统是指在电源中性点不接地系统中，将所有设备的外露可导电部分均经各自的保护线 PE 分别直接接地。IT 供电系统一般为三相三线制。

IT 供电系统中第一个字母 I 表示电源侧没有工作接地，第二个字母 T 表示负载侧电气设备进行接地保护。

IT 供电系统在供电距离不是很长时，供电的可靠性高、安全性好。一般用于不允许停电的场所，或者是要求严格地连续供电的地方，例如电炉炼钢、大医院的手术室、地下矿井等处。地下矿井内供电条件比较差，电缆易受潮。运用 IT 方式供电，即使电源中性点不接地，设备漏电时，单相对地漏电流较小，不会破坏电源电压的平衡，所以比电源中性点接地的系统还安全。

3. TT 供电系统

TT 供电系统是指在电源中性点直接接地的三相四线系统中，所有设备的外露可导电部分均经各自的保护线 PE 分别直接接地。

TT 供电系统中第一个符号 T 表示电力系统中性点直接接地，第二个符号 T 表示负载侧电气设备外露不与带电体相接的金属导电部分与大地直接连接，而与系统如何接地无关。在 TT 供电系统中负载的所有接地均称为保护接地。这种供电系统的特点如下：

1）当电气设备的金属外壳带电（相线碰壳或设备绝缘损坏而漏电）时，由于有接地保护，可以大大降低触电的危险性。但是，低压断路器（自动开关）不一定能跳闸，造成漏电设备的外壳的对地电压高于安全电压，属于危险电压。

2）当漏电电流比较小时，即使有熔断器也不一定能熔断，所以还需要漏电保护器作保护，因此 TT 供电系统难以推广。

3）TT 供电系统接地装置耗用钢材多，而且难以回收，费工时、费料。

【项目小结】

本项目主要学习了：

1）安全电压、安全电流的基本知识。

2）触电的类型及触电急救的实施。

3）保护接地和保护接零。

【巩固练习】

1. 一般人体通过_____的电流会有生命危险。

2. 触电的类型通常有_____、_____、_____和_____。

3. 什么是保护接地，它有什么作用？

4. 什么是保护接零，它有什么作用？

5. 对于低压触电事故，你可以怎样使触电者脱离电源？

6. 常用的绝缘措施有哪些？

项目二　常见电工工具及导线连接

电工工具是贯穿电工技能实践操作不可缺少的重要组成部分，借助各种电工工具可以对导线剥削、导线连接、电气设备拆装、设备检修与保养等项目进行操作，帮助我们高效地进行电工技能实践操作。电工剥削工具、压接工具、安装工具、安全防护用具等又是电工实训的必要组成部分。

【学习目标】

知识目标	1. 了解常见电工工具的分类。 2. 掌握常见电工工具的使用方法。 3. 了解电工安全防护用品。 4. 掌握导线的连接方法。
能力目标	1. 能正确使用常见电工工具。 2. 能进行导线"一"字形和"T"形连接。
素养目标	1. 增强学生对电工行业的感知意识，培养学生的电工职业素养。 2. 培养学生良好的操作习惯，提升实践能力和创新能力。

任务一　电工剥削工具的认识

【任务描述】

电工剥削工具是一种用于剥削电线绝缘层的工具，它通常由坚固耐用的材料制成，如钢或铝合金，具有锋利的切割刃和舒适的握把。这种工具设计精巧，可以轻松地剥离各种规格的电线、电缆的绝缘层。它是电工和专业人士工具箱中必不可少的一部分，用于各种电气安装和维修工作。电工剥削工具是一种功能强大、易于使用和耐用的工具，能够高效地剥离电线绝缘层，提高工作效率和质量。那么，常见的电工剥削工具有哪些？具体怎么使用？

【知识链接】

常见的电工剥削工具有电工刀、剥线钳，电工刀一般是对 4mm^2 及以上的导线进行剥削使用；剥线钳是一种专门用于去除导线绝缘层的工具，通过它可以轻松去除绝缘层而不会伤及内部的线芯。在导线加工过程中，剥线钳可以帮助加快处理导线的速度，提高工作效率。

一、电工刀

电工刀是一种剥线工具，适用于电工在维修装配工作中割削导线绝缘外皮以及割削木桩和绳索等。电工刀主要由刀身和刀柄组成，其外形及结构如图 2-1 所示。

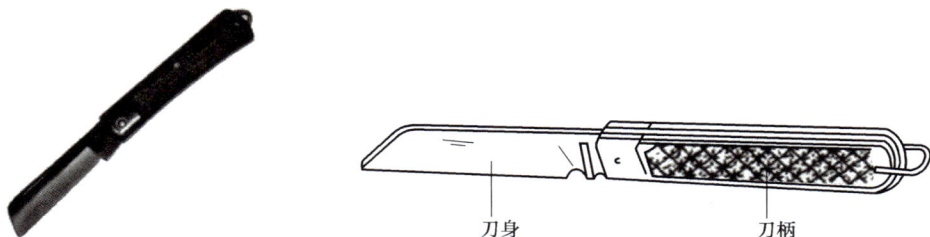

刀身　　　　刀柄

图 2-1　电工刀的外形及结构

电工刀使用方法如下：

1）注意握刀姿势，确保手握在刀柄处，以免伤及手指，如图 2-2a 所示。
2）切入时，刀片以 45°倾斜切入，避免垂直切入切断导线，如图 2-2b 所示。
3）使用时应将刀口以 15°倾斜推削，并注意避免伤及左手手指，如图 2-2c 所示。
4）推削完毕后，扳转塑料层并在根部切去，如图 2-2d 所示。
5）使用完毕，随即将刀身折进刀柄或者将刀片收进刀身，以免发生意外事故。
6）电工刀刀柄是无绝缘保护的，不得用于带电作业，以免触电。

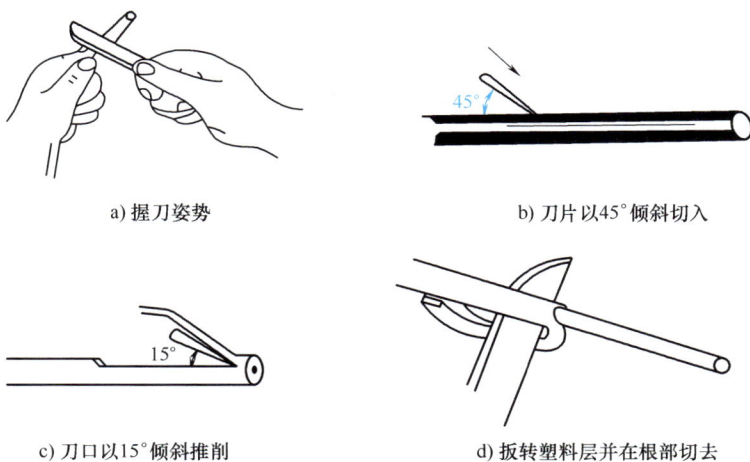

a) 握刀姿势　　　　　　　　　　　b) 刀片以45°倾斜切入

c) 刀口以15°倾斜推削　　　　　　d) 扳转塑料层并在根部切去

图 2-2　电工刀用法

二、剥线钳

1. 鸭嘴剥线钳

鸭嘴剥线钳（见图 2-3）适配 $0.25 \sim 4 \mathrm{mm}^2$ 的导线。剥线时若有伤线芯的情况，可以顺时针旋转拉力调节旋钮；若有剥线不干净的情况，可以逆时针旋转拉力调节旋钮，一次调节好后，无须频繁调节，基本都能适配常规线径。剥线钳剪线口可以剪铜线、铝线和网线。

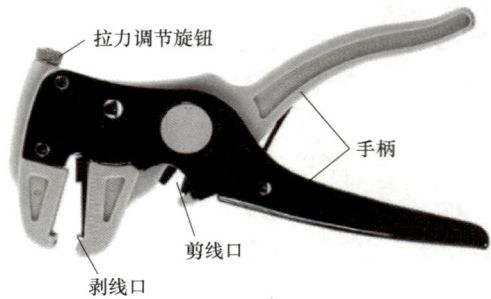

图 2-3　鸭嘴剥线钳

2. 多功能自动剥线钳

多功能自动剥线钳（见图 2-4）是用来剥落小直径导线绝缘层的专用工具。它的钳口部分设有几个刃口，用以剥削不同线径的导线绝缘层。其柄部是绝缘的，耐压为 500V。

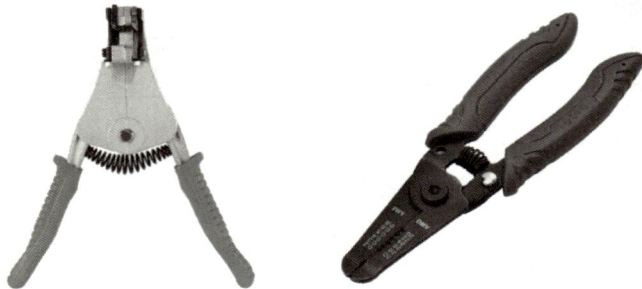

图 2-4　多功能自动剥线钳

【任务实施】

一、工具器材

导线、电工刀、剥线钳。

二、实验简介

1）多芯、单芯 $4mm^2$ 的铜导线剥削。

2）多芯 $0.5mm^2$ 的铜导线剥削。

3）单芯 $2mm^2$ 的铜导线剥削。

【学习评价】

序号	考核内容	配分	评分要素	自评	互评	师评
1	小组准备	10 分	小组分工明确，能够对任务内容及实施步骤进行精心准备			
2	操作技能	30 分	能熟练运用所学技能完成实践任务			
3	成果展示与任务报告	20 分	成果展示内容充实、语言规范，实践活动报告结构完整、观点正确			
4	学习态度与课堂纪律	15 分	学习积极主动、态度认真，遵守教学秩序			
5	自主学习与动手能力	10 分	具有探究精神、自学意识和较强的动手能力，善于发现问题			

（续）

序号	考核内容	配分	评分要素	自评	互评	师评
6	团队配合	15 分	团队意识强，小组成员配合默契，问题解决及时			
7	总分统计	100 分				
8	综合评价					

任务二　导线压接工具的认识

【任务描述】

　　导线压接工具是一种用于压接导线的工具，称之为压线钳。导线压接是一种常用的连接导线的方法，通过将导线与连接器结构紧密接触，以确保连接质量和安全性，实现电流传输。那么，常见的压接工具有哪些？具体怎么使用？

【知识链接】

　　压线钳是一种用来压制导线"线鼻子"（接线端子）的专用工具，压线钳主要由钳头和钳柄组成，常见导线压接工具主要有管型端子压线钳、多功能压线钳和网线钳等。

一、管型端子压线钳

　　管型端子压线钳，绝缘线鼻子管型裸端子自调式压接钳，根据钳口形状压接后，导线端子有正四边形或者正六边形。主要由钳松紧压力调节旋钮、棘轮、复位止退按键和手柄组成，其外形如图 2-5 所示。

　　管型端子压线钳主要用于压接管型和针型端子，应根据导线线径大小选择合适的压线钳。其压接管型端子的操作步骤如下：

　　1）将电线剥去绝缘层，穿过管型端子，加压线钳，如图 2-6a 所示。

钳口分为正四边形或正六边形压接钳口，多层片式设计压接效果平整美观

符合人体工程学原理的手柄形状设计，握感舒适，压接省力

棘轮省力装置，使用很小的力量即可可靠压接

复位止退按键，向前推可打开或锁紧工具，防止发生误操作

钳松紧压力调节旋钮，出厂前调校

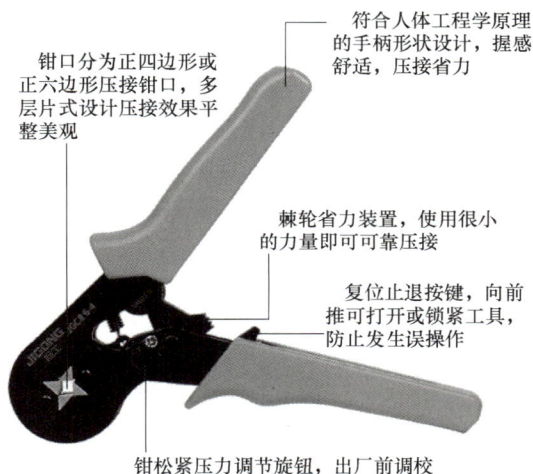

图 2-5　管型端子压线钳的外形

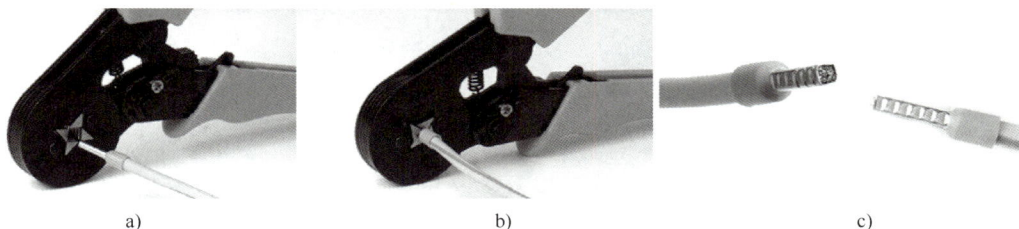

a)　　　　　　b)　　　　　　c)

图 2-6　管型端子压线钳的用法

13

2）将端子放进钳口压紧手柄到位，自动弹开，压接完成，如图 2-6b 所示。

3）检查压接质量，要外观平整美观牢固，如图 2-6c 所示。

二、多功能压线钳

多功能压线钳主要是对 OT/UT 接线端子进行压接，OT/UT 接线端子的外形如图 2-7 所示。压线口需要根据线径大小进行选择。多功能压线钳的外形如图 2-8 所示。

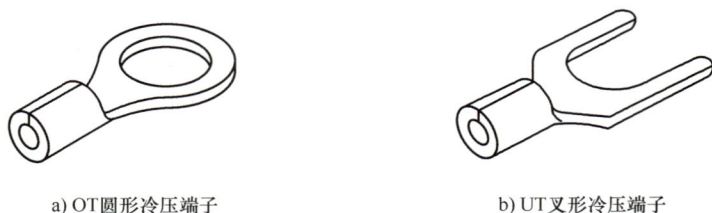

a) OT圆形冷压端子　　　　　　b) UT叉形冷压端子

图 2-7　OT/UT 接线端子的外形

图 2-8　多功能压线钳的外形

根据端子类型选择对应压线钳口，将端子和导线放进对应钳口用力压下手柄，将端子取出进行拉力测试，如图 2-9 所示。

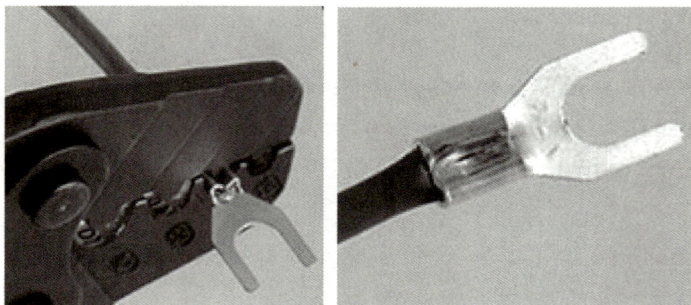

图 2-9　多功能压线钳的用法

三、网线钳

网线钳是对网线端子进行压接的专用工具，又称为水晶头压线钳，主要由压线口、剥线口、剪线口、手柄组成，其外形如图 2-10 所示。网线钳一般可压接 4p、6p、8p 三种大小的水晶头，其多功能集一身，压接时与端子紧密配合不损坏端子，剥线后即剪齐多余线头，方便快捷。

网线的制作有两种国际标准，EIA/TIA568A 和 EIA/TIA568B。568A 标准线序从左到右依次为绿白、绿色、橙白、蓝色、蓝白、橙色、棕白、棕色。568B 标准线序从左到右依次为橙白、橙色、绿白、蓝色、蓝白、绿色、棕白、棕色。

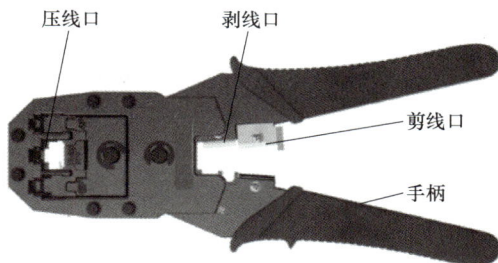

图 2-10　网线钳的外形

【任务实施】

一、工具器材

导线、网线、管型针型端、OT/UT 接线端子、水晶头、管型端子压线钳、多功能压线钳和网线钳。

二、实验简介

1）制作多芯 $1.5mm^2$ 的铜导线管型端子。

2）制作多芯 $2mm^2$ 的铜导线 OT/UT 接线端子。

3）制作网线水晶头端子。

【学习评价】

序号	考核内容	配分	评分要素	自评	互评	师评
1	小组准备	10 分	小组分工明确,能够对任务内容及实施步骤进行精心准备			
2	操作技能	30 分	能熟练运用所学技能完成实践任务			
3	成果展示与任务报告	20 分	成果展示内容充实、语言规范,实践活动报告结构完整、观点正确			
4	学习态度与课堂纪律	15 分	学习积极主动、态度认真,遵守教学秩序			
5	自主学习与动手能力	10 分	具有探究精神、自学意识和较强的动手能力,善于发现问题			
6	团队配合	15 分	团队意识强,小组成员配合默契,问题解决及时			
7	总分统计	100 分				
8	综合评价					

任务三　电工安装工具的认识

【任务描述】

电工在进行电路安装、设备安装检修时会用到一系列电工安装工具，进行导线剪切、螺钉松紧操作。那么，常见的安装工具有哪些？具体怎么使用？

【知识链接】

常见电工安装工具主要有螺丝刀、扳手、尖嘴钳和钢丝钳等。

一、螺丝刀

螺丝刀又称为螺钉旋具或者起子，是用来拆卸和紧固螺钉的工具，一般分为一字形和十字形两种，其外形如图 2-11 所示。

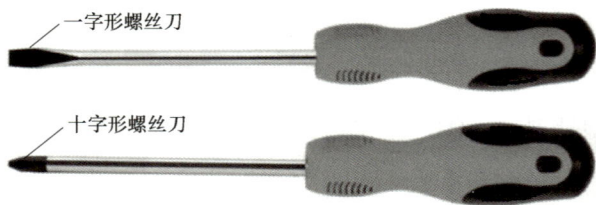

一字形螺丝刀

十字形螺丝刀

图 2-11　一字、十字形螺丝刀的外形

一字形螺丝刀：其规格用柄部以外的长度表示，常用的有 100mm、150mm、200mm、300mm、400mm 等。

十字形螺丝刀：一般分为 4 种型号，其中 I 号适用于直径为 2~2.5mm 的螺钉，II、III、IV 号分别适用于直径为 3~5mm、6~8mm、10~12mm 的螺钉。

使用时一定要根据实际情况选择合适尺寸和合适类型的螺丝刀，大螺丝刀一般用来紧固或拆卸较大的螺钉，使用时除大拇指、食指和中指要夹住握柄外，手掌还要顶住柄的末端，这样就可以防止螺丝刀转动的时候滑脱；小螺丝刀一般用于电气装置接线柱头上的小螺钉，使用时可用食指顶住握柄的末端，如图 2-12 所示。

二、扳手

在电工操作中，扳手常用于紧固和拆卸螺钉或螺母。在扳手的柄部一端或两端带有夹柄，用于施加外力。常用的扳手有活扳手、呆扳手、梅花棘轮扳手及内六角扳手等。

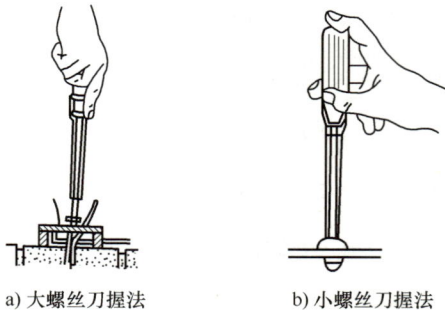

a) 大螺丝刀握法　　　　b) 小螺丝刀握法

图 2-12　螺丝刀握法

1. 活扳手

活扳手由扳口、蜗轮和手柄等组成。推动蜗轮，即可调整、改变扳口的大小。活扳手也有尺寸之分，尺寸较小的活扳手可以用于狭小的空间；尺寸较大的活扳手可以用于较大的螺钉和螺母的拆卸和紧固，如图 2-13 所示。

在使用活扳手时，应先查看需要紧固或拆卸的螺母大小，将活扳手卡住螺母，然后使用大拇指调节蜗轮，调节使扳口的大小确定，当其确定后，可以将手握住活扳手的手柄，进行转动，如图 2-14 所示。

2. 呆扳手

呆扳手的两端通常有开口的夹柄，夹柄的大小与扳口的大小成正比。呆扳手上带有尺寸

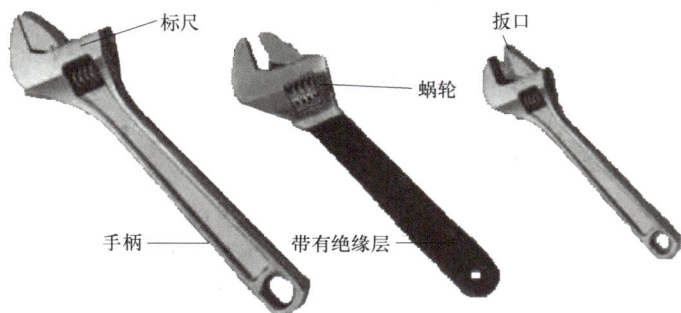

图 2-13 活扳手

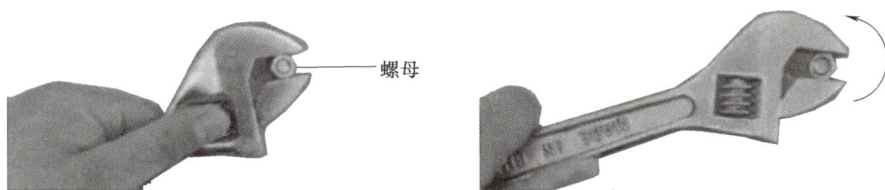

图 2-14 活扳手的用法

的标识，呆扳手的尺寸与螺母的尺寸是相对应的，如图 2-15 所示。

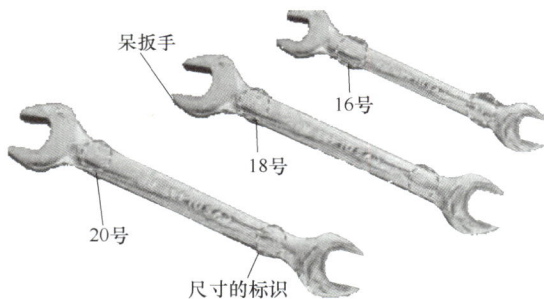

图 2-15 呆扳手

呆扳手能用于与其卡口相对应的螺母，使用呆扳手时要使夹柄夹住需要紧固或拆卸的螺母，然后握住手柄，与螺母成水平状态，转动呆扳手的手柄，如图 2-16 所示。

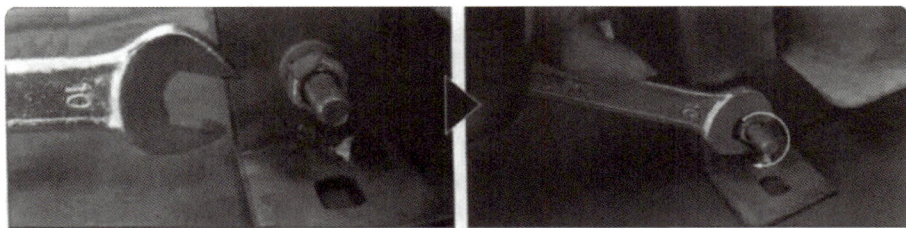

图 2-16 呆扳手的用法

3. 梅花棘轮扳手

梅花棘轮扳手的两端通常带有环形的六角孔或十二角孔的工作端，如图 2-17 所示。梅花棘轮扳手工作端不可以进行改变，所以在使用时需要配置整套的梅花棘轮扳手。

在使用梅花棘轮扳手时，应先查看螺母的尺寸，选择合适尺寸的梅花棘轮扳手，然后将梅花棘轮扳手的环孔套在螺母上，转动梅花棘轮扳手的手柄即可，如图 2-18 所示。

4. 内六角扳手

为六角扳手是呈 L 形的六角棒状扳手，专用于拧内六角头螺栓。适用于紧固或拆卸机床、车辆和机械设备上的圆螺母。内六角扳手的外形如图 2-19 所示。

图 2-17　梅花棘轮扳手

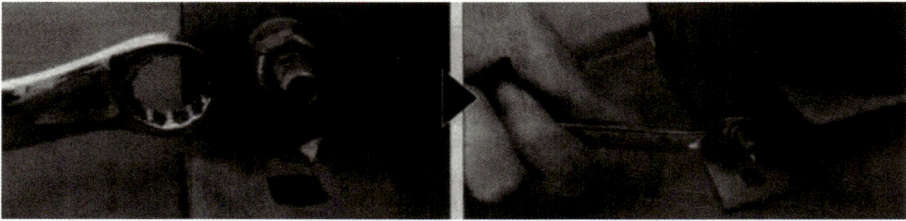

图 2-18　梅花棘轮扳手的用法

图 2-19　内六角扳手的外形

三、尖嘴钳

尖嘴钳主要用于夹持或折断金属薄板，切断细小金属丝等，由于尖嘴钳的钳头较细长，因而能在比较狭窄的地方工作，适用于电气仪表的制作与维修，其外形及用法如图 2-20 所示。常用规格（全长）有 130mm、160mm、180mm 及 200mm 四种。目前常见的尖嘴钳多数是带刃口的，既可夹持零件又可剪切金属丝。

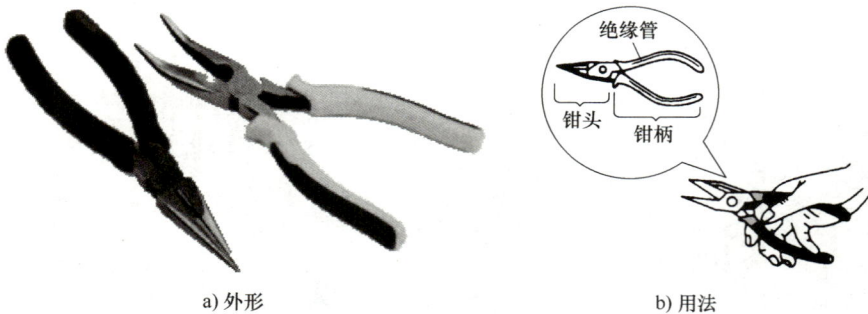

a) 外形　　　　　　　　　　b) 用法

图 2-20　尖嘴钳的外形及用法

为保障安全，手离金属部分的距离应不小于 2cm。钳头比较尖细，且经过热处理，所以钳夹物体不可过大，用力不要过猛，以防损坏钳头。注意防潮，钳轴要经常加油，防止生锈。

四、钢丝钳

钢丝钳又叫作平口钳、老虎钳，主要用于夹持或折断金属薄板，切断金属丝（导线）等，其外形及用法如图 2-21 所示。

钢丝钳使用方法如下：

1）钢丝钳的绝缘手柄耐压 500V，使用前要检查绝缘是否良好，如果绝缘损坏，不可用来进行带电作业。

2）在使用钢丝钳过程中要注意防潮，为防止生锈，钳轴要经常加油。

3）带电操作时，手与钢丝钳的金属部分保持 2cm 以上的距离。

4）用钢丝钳剪切带电导线时，切勿用刀口同时剪切相线和零线，以免发生短路故障。

5）不能将钢丝钳当锤子使用，以免损坏钳头，导致其功能不能正常发挥。

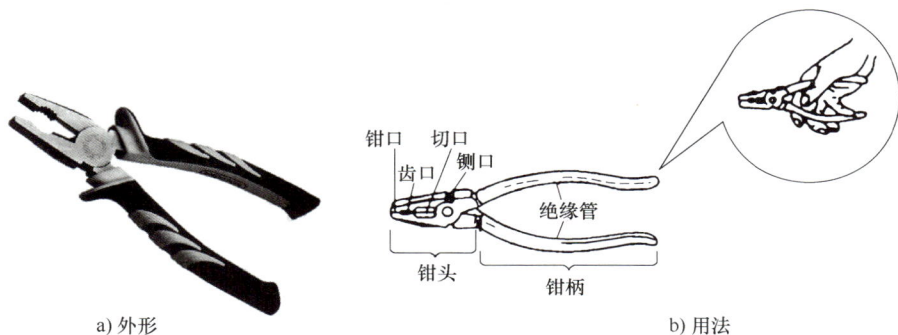

a) 外形   b) 用法

图 2-21 钢丝钳的外形及用法

【任务实施】

一、工具器材

电机模块底座、螺丝刀、扳手、尖嘴钳和钢丝钳。

二、实验简介

利用电工安装工具进行电机模块底座拆装实践。

【学习评价】

序号	考核内容	配分	评分要素	自评	互评	师评
1	小组准备	10 分	小组分工明确，能够对任务内容及实施步骤进行精心准备			
2	操作技能	30 分	能熟练运用所学技能完成实践任务			
3	成果展示与任务报告	20 分	成果展示内容充实、语言规范，实践活动报告结构完整、观点正确			
4	学习态度与课堂纪律	15 分	学习积极主动、态度认真，遵守教学秩序			

（续）

序号	考核内容	配分	评分要素	自评	互评	师评
5	自主学习与动手能力	10 分	具有探究精神、自学意识和较强的动手能力，善于发现问题			
6	团队配合	15 分	团队意识强，小组成员配合默契，问题解决及时			
7	总分统计	100 分				
8	综合评价					

任务四　电工安全防护用具的认识

【任务描述】

电工安全防护用具是保证操作者安全地进行电气工作时必不可少的工具。电工安全工具包括绝缘安全工具和一般防护工具。绝缘安全工具分为基本绝缘安全工具和辅助绝缘安全工具。那么，常见的安全防护用具有哪些？

【知识链接】

电工在日常工作中需要使用各种安全防护用具，以确保自身的安全和健康。常见的电工安全防护用具主要有绝缘手套、绝缘靴、绝缘帽、护目镜和防护服等。

一、绝缘手套

绝缘手套是电工必备的防护用具之一，用于防止触电。它们具有耐电性能，能承受高压而不导电，从而保护电工的手部和身体，其外形如图 2-22 所示。

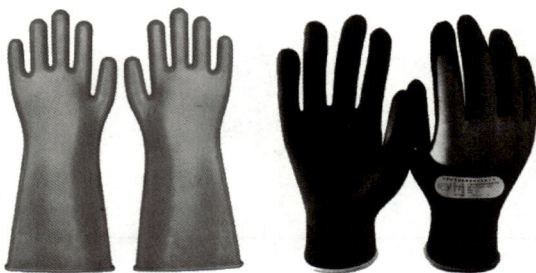

图 2-22　绝缘手套的外形

二、绝缘靴

绝缘靴是电工脚部防护用具，防止电流通过脚部，从而避免触电事故的发生。它们是由绝缘材料制成的，具有很好的电气绝缘性能，其外形如图 2-23 所示。

图 2-23 绝缘靴的外形

三、绝缘帽

绝缘帽是电工头部防护用具，用于防止电流通过头部，从而避免触电事故的发生。它们是由绝缘材料制成的，具有很好的电气绝缘性能，其外形如图 2-24 所示。

图 2-24 绝缘帽的外形

四、护目镜

护目镜是电工眼睛防护用具，用于保护眼睛不受电弧、火花和灰尘等物质的伤害。它们具有抗冲击性能，能够防止眼睛受到损伤。其外形如图 2-25 所示。

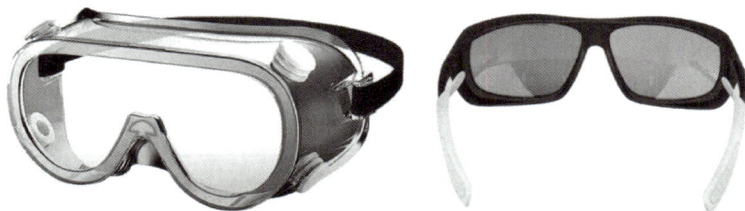

图 2-25 护目镜的外形

五、防护服

防护服是电工身体防护用具，用于保护身体不受电弧、火花和化学物质等物质的伤害。它们具有耐高温、耐磨损、防水、防静电等功能，能够有效保护电工的身体，其外形如图 2-26 所示。

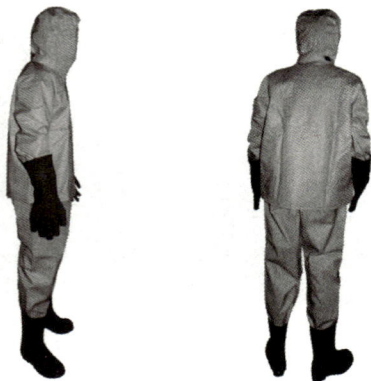

图 2-26　防护服的外形

【任务实施】

一、工具器材

绝缘手套、绝缘靴、绝缘帽、护目镜和防护服。

二、实验简介

进行电工安全防护用具实践操作（穿戴）。

【学习评价】

序号	考核内容	配分	评分要素	自评	互评	师评
1	小组准备	10 分	小组分工明确,能够对任务内容及实施步骤进行精心准备			
2	操作技能	30 分	能熟练运用所学技能完成实践任务			
3	成果展示与任务报告	20 分	成果展示内容充实、语言规范,实践活动报告结构完整、观点正确			
4	学习态度与课堂纪律	15 分	学习积极主动、态度认真,遵守教学秩序			
5	自主学习与动手能力	10 分	具有探究精神、自学意识和较强的动手能力,善于发现问题			
6	团队配合	15 分	团队意识强,小组成员配合默契,问题解决及时			
7	总分统计	100 分				
8	综合评价					

任务五　导线连接的方法

【任务描述】

导线连接是每个电工需要掌握的基本技能,是电工作业的一道基本工序,也是一项十分重要的工序。导线连接的质量直接关系到整个线路能否平稳可靠地长期运行。因此，我们必须熟练掌握导线连接技能。那么，常见的导线连接步骤有哪些呢？有哪些导线连接方法？

【知识链接】

导线的连接包括连接前线头绝缘层的剖削、线头的连接以及线头绝缘层的恢复三个步骤。

一、线头绝缘层的剖削

1. 塑料硬线和软线

（1）钢丝钳剖削（2.5mm² 及以下）　在所需剖削处，用钢丝钳切破绝缘层表皮，左手拉紧导线，右手适度用力夹紧钢丝钳头部，将绝缘层勒去，如图 2-27 所示。

（2）电工刀剖削（4mm² 及以上）　在剖削处用电工刀口对导线成 45°切入绝缘层，再以 15°推进，将未削去的部分扳翻，齐根切去。最后用钢丝钳按照剖削 2.5mm² 塑料硬线绝缘层的方法操作。

2. 塑料护套线

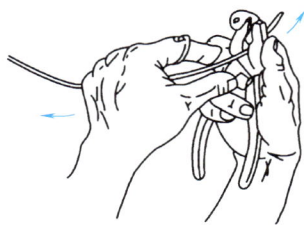

图 2-27　塑料硬线和软线剖削

外面公共绝缘层用电工刀剖削：先按所需长度，用刀尖对准两股芯线的中间，划开护套层，将其向后扳翻，齐根切去。其余芯线可用钢丝钳或电工刀按上述方法剖削，如图 2-28 所示。

a) 　　　　　　　　　　　　b)

图 2-28　塑料护套线剖削

3. 花线

先用电工刀在剖削处将棉纱编织层切去一圈，再用钢丝钳勒去橡皮绝缘层，如图 2-29 所示。

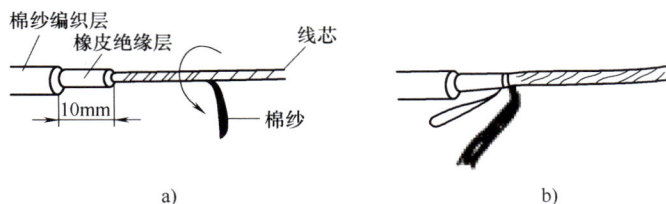

a) 　　　　　　　　　　　　b)

图 2-29　花线剖削

4. 橡套电缆

外包公共保护层用电工刀按剖削塑料护套层的方法切除，露出的每根芯线橡皮绝缘层用钢丝钳勒去，如图 2-30 所示。

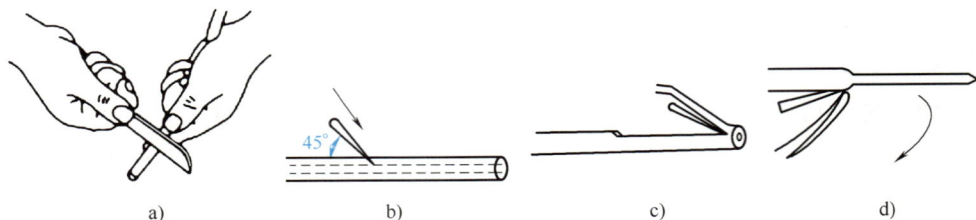

图 2-30　橡套电缆剖削

二、线头的连接

1. 小直径单股芯线的一字连接

将去除绝缘层和氧化层的两线头十字交叉，互相在对方上绞合 2~3 圈，扳直两线头自由端。每根线自由端在对方线芯上缠绕线芯直径的 6~8 倍长，剪去多余线头，修除毛刺，如图 2-31 所示。

2. 大直径单股芯线的一字连接

将两股芯线相对交叠，再用直径为 1.6mm 的裸铜线缠绕。直径 5mm 及以下的缠绕 60mm 长，大于 5mm 的缠绕 90mm 长，如图 2-32 所示。

3. 小直径单股芯线的 T 形连接

支路芯线与干路芯线十字相交，支路芯线根部留出 3~5mm 的裸线，将支路芯线在干路芯线上按顺时针方向缠绕 6~8 圈，剪去多余线头，修除毛刺，如图 2-33 所示。

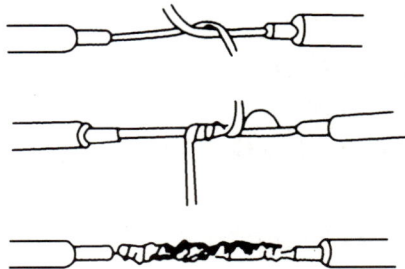

图 2-31　小直径单股芯线的一字连接方法

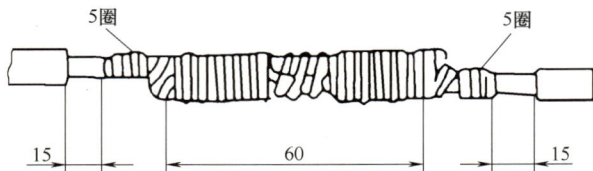

图 2-32　大直径单股芯线的一字连接方法

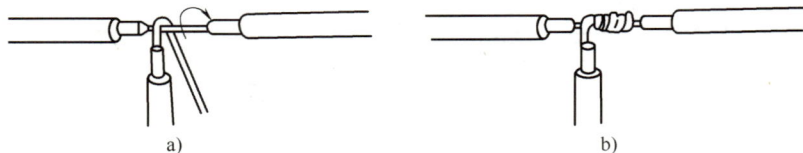

图 2-33　小直径单股芯线的 T 形连接方法

4. 大直径单股芯线的 T 形连接

用缠绕法，方法与大直径单股芯线的一字缠绕法相同，如图 2-34 所示。

5. 七股芯线的直线连接

将两股线头分散成单股并拉直，在线头距根部 1/3 处顺着原扭转方向进一步扭紧，余下的 2/3 分散成伞形，将两股伞形线头相对，隔股交叉，直至根部相接，再捏平两边散开的线头，将导线按 2、2、3 分成 3 组，将第 3 组扳至垂直，按顺时针方向缠绕两圈，再弯下扳成直角贴紧芯线，第 2、3 组缠绕方法相同。注

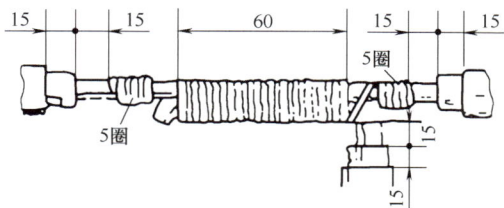

图 2-34 大直径单股芯线的 T 形连接方法

意缠绕时让后一组线头压住前一组已折成直角的根部。最后一组线头在芯线上缠绕 3 圈，最后剪去多余部分，修除毛刺，如图 2-35 所示。

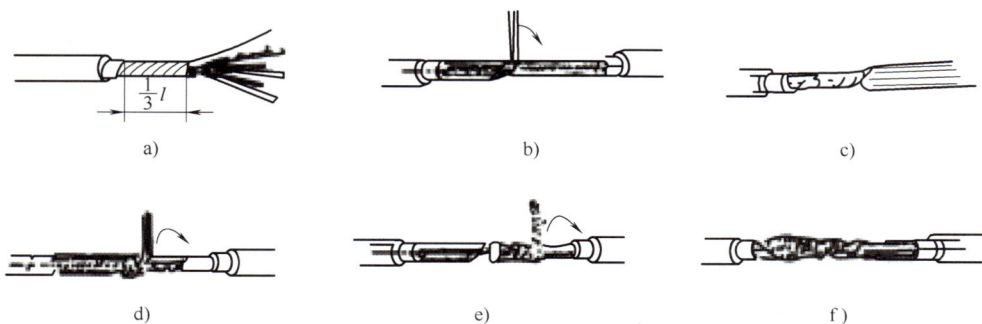

图 2-35 七股芯线的直线连接方法

6. 七股芯线的 T 形连接

将支路芯线分散拉直，在距根部 1/8 处将其进一步绞紧，将支路芯线按 3 股和 4 股分成两组并整齐排列。接着用一字螺丝刀将干路芯线分成对称的两组，并在分出的部分撬开一定距离产生一条中缝，将支路的一组穿过该中缝，另一组排在干路芯线前面。先将未穿过中缝的一组在干线上缠绕 3~4 圈，剪除多余线头，再将穿过干线的一组按相反方向（逆时针）缠绕 3~4 圈，剪去多余部分，修除毛刺，如图 2-36 所示。

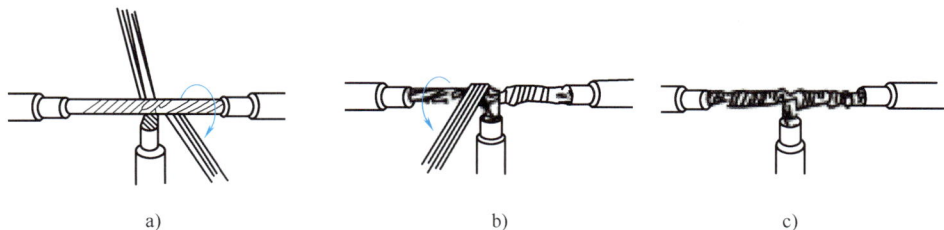

图 2-36 七股芯线的 T 形连接方法

三、线头绝缘层的恢复

在线头连接完成后，导线连接前破坏的绝缘层必须恢复，且恢复后的绝缘强度一般应不低于剖削前的绝缘强度，才能保证用电安全。电力线上恢复线头绝缘层常用黄蜡带、涤纶薄膜带和黑胶带（黑胶布）3 种材料。绝缘带宽度选 20mm 比较适宜。包缠时，先将黄蜡带从

线头的一边在完整绝缘层上离切口 40mm 处开始包缠，使黄蜡带与导线保持 55° 的倾斜角，后一圈压叠在前一圈 1/2 的宽度上，如图 2-37a、b 所示。黄蜡带包缠完以后，将黑胶带接在黄蜡带尾端，朝相反方向斜叠包缠，仍倾斜 55°，后一圈仍压叠前一圈的 1/2，如图 2-37c、d 所示。

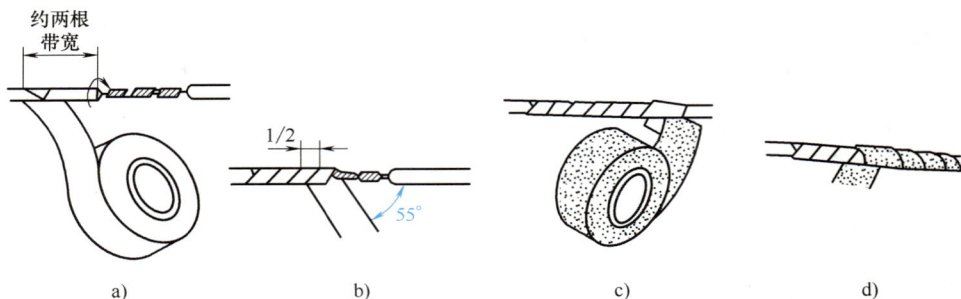

图 2-37　线头绝缘层的恢复方法

【任务实施】

一、工具器材

导线、电工剥削工具和绝缘胶带。

二、实验简介

进行小直径单股芯线的绞接、大直径单股芯线的缠绕、小直径单股芯线的 T 形连接、大直径单股芯线的 T 形连接、七股芯线的直线连接、七股芯线的 T 形连接。

【学习评价】

序号	考核内容	配分	评分要素	自评	互评	师评
1	小组准备	10 分	小组分工明确,能够对任务内容及实施步骤进行精心准备			
2	操作技能	30 分	能熟练运用所学技能完成实践任务			
3	成果展示与任务报告	20 分	成果展示内容充实、语言规范,实践活动报告结构完整、观点正确			
4	学习态度与课堂纪律	15 分	学习积极主动、态度认真,遵守教学秩序			
5	自主学习与动手能力	10 分	具有探究精神、自学意识和较强的动手能力,善于发现问题			
6	团队配合	15 分	团队意识强,小组成员配合默契,问题解决及时			
7	总分统计	100 分				
8	综合评价					

【知识拓展】

导线的紧压连接

紧压连接是指用铜或铝套管套在被连接的芯线上，再用压接钳或压接模具压紧套管使芯线保持连接。

铜导线（一般是较粗的铜导线）和铝导线都可以采用紧压连接，铜导线的连接应采用铜套管，铝导线的连接应采用铝套管。紧压连接前应先清除导线芯线表面和压接套管内壁上的氧化层和粘污物，以确保接触良好。

铝导线虽然也可采用绞合连接，但铝芯线的表面极易氧化，日久将造成线路故障，因此，铝导线通常采用紧压连接。

压接套管截面有圆形和椭圆形两种，如图 2-38 所示。圆截面套管内可以穿入一根导线，椭圆截面套管内可以并排穿入两根导线。

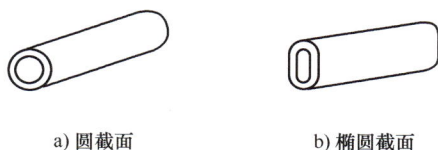

a) 圆截面 　　　b) 椭圆截面

图 2-38　压接套管

圆截面套管使用时，将需要连接的两根导线的芯线分别从左右两端插入套管相等长度，以确保两根芯线的线头的连接点位于套管内的中间，如图 2-39a 所示。然后用压接钳或压接模具压紧套管，一般情况下只要在每端压一个坑即可满足接触电阻的要求。在对机械强度有要求的场合时，可在每端压两个坑，如图 2-39b 所示。

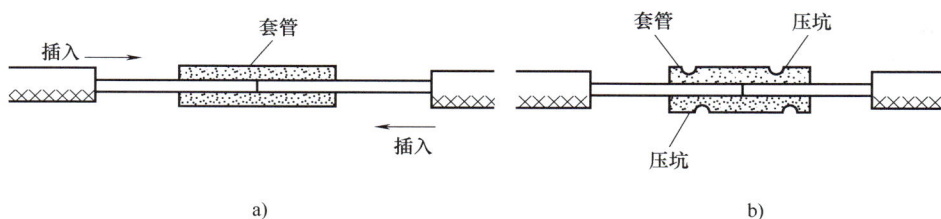

a)　　　　　　b)

图 2-39　圆截面套管一字压接

椭圆截面套管使用时，将需要连接的两根导线的芯线分别从左右两端相对插入并穿出套管少许，如图 2-40a 所示，然后压紧套管即可，如图 2-40b 所示。

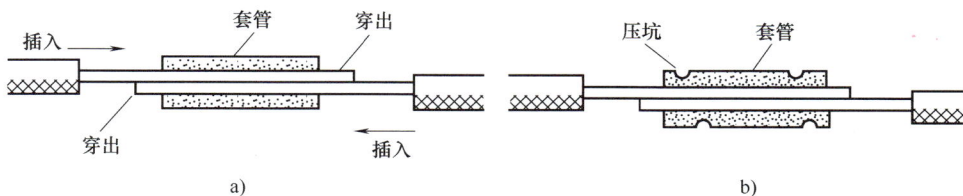

a)　　　　　　b)

图 2-40　椭圆截面套管一字压接

椭圆截面套管不仅可用于导线的直线压接，而且可用于同一方向导线的压接，如图 2-41a 所示；还可用于导线的 T 形分支压接或十字分支压接，如图 2-41b、c 所示。

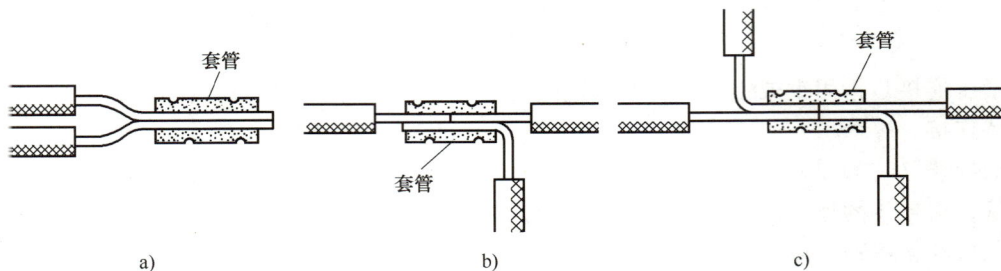

a)   b)   c)

图 2-41　椭圆截面套管分支压接

【项目小结】

本项目主要学习了：

1）常见电工工具的分类。

2）常见电工工具的使用方法。

3）电工安全防护用品。

4）导线的连接方法。

【巩固练习】

1. 多芯、单芯的铜导线剥削。
2. 制作多芯铜导线管型端子。
3. 制作多芯铜导线 OT/UT 接线端子。
4. 制作网线水晶头端子。
5. 利用电工安装工具进行简单设备拆装实践。
6. 进行导线的一字、T 形连接和压接。

项目三　电路参数的测试

电工测量是贯穿电工学习不可缺少的组成部分，它是借助各种电工仪表对电气设备或电路参数进行测量，帮助我们了解电气设备的各种特性及运行状况。电压、电流、电阻等参数的测量又是电工实训的重要组成部分。

【学习目标】

知识目标	1. 掌握万用表测量电压、电流的方法。 2. 掌握绝缘电阻表的使用方法。 3. 掌握接地电阻测试仪的使用方法。
能力目标	1. 能进行电压的测量。 2. 会测量电路中的电流。 3. 能测量电气设备的绝缘电阻。 4. 会进行绝缘电阻的测量。
素养目标	1. 培养学生的安全意识。 2. 培养学生良好的责任心和职业素养。 3. 培养学生的创新意识和实践能力。

任务一　电压的测量

【任务描述】

电压的测量是电工、电子技能的常用操作，而电压又有直流电压和交流电压的区分。那么，直流电压和交流电压的测量方法相同吗？该如何测量它们？这里以优利德 UT39C+型万用表为例来介绍电压的测量方法。

【知识链接】

使用万用表之前，先确保已经安装电池且电量充足。万用表开机之后，如果电池电量不足，会出现电池电量不足的符号显示。优利德 UT39C+型万用表的外形如图 3-1 所示，其档位选择如图 3-2 所示。

图 3-1　UT39C+型万用表的外形

1—液晶显示屏　2—晶体管测试四脚插孔
3—声光报警指示灯　4—量程开关
5—其余测量插孔　6—10A 电流测试插孔
7—COM 插孔　8—功能键

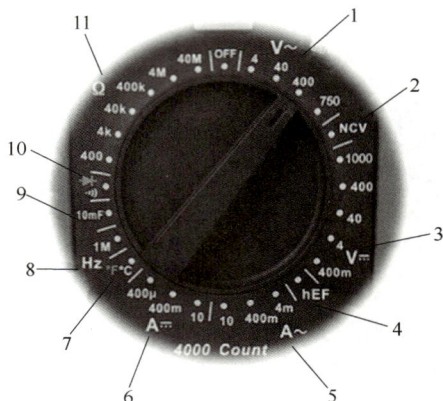

图 3-2　UT39C+万用表档位选择

1—交流电压档位　2—非接触交流电场感测档位
3—测量直流电压档位　4—测量晶体管电流放大倍数
档位　5—交流电流量程　6—直流电流档位
7—温度档位　8—频率档位　9—电容档位
10—电路通断和二极管档位　11—电阻档位

一、直流电压的测量

测量直流电压时，先把万用表黑表笔插入 COM 孔，红表笔插入其余测量插孔，再把量程开关拨到直流电压测量档位相应的量程上，然后红表笔接到被测电压的高电位端、黑表笔接到被测电压的低电位端，液晶显示屏显示的数值即为被测电压的大小，显示数值前的 DC 表示为直流电压，数值上面的字母即为被测电压的单位。

二、交流电压的测量

测量交流电压时，先把万用表黑表笔插入 COM 孔，红表笔插入其余测量插孔，再把量程开关拨到交流电压测量档位相应的量程上，然后把红表笔和黑表笔接到被测电压的两端，显示屏显示的数值即为被测电压的大小，显示数值前的 AC 表示为交流电压，数值上面的字母即为被测电压的单位。交流电压和直流电压测量最大的不同是直流电压测量要注意红表笔接高电位端，黑表笔接低电位端，交流电压测量则不区分红黑表笔的接法。

【任务实施】

一、工具器材

万用表、实验台（见图 3-3）。

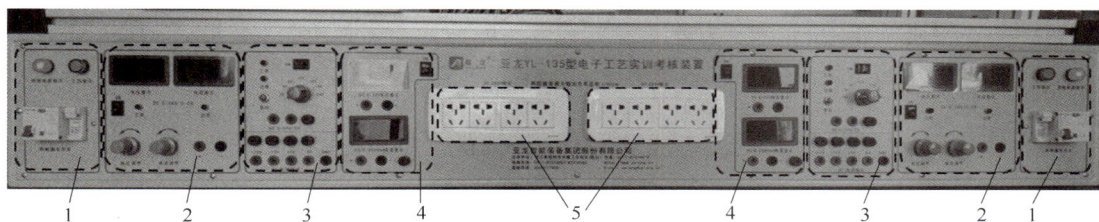

图 3-3　实验台面板正面

1—总电源部分　2—数显单元和 0~24V 可调直流电源部分　3—交流可调电压和
固定直流电压部分　4—数字电压表和电流表　5—多功能插座

二、实验台简介

1. 总电源部分

总电源是用空气式漏电断路器和熔断器控制整个实训台的单相 220V 电源的通断，额定电流最大值为 5A。电源线接入电网后红色指示灯亮，表示工作台已接入电源；漏电断路器合闸后绿色指示灯亮，表示工作台进入正常工作状态。

2. 数显单元和 0~24V 可调直流电源部分

可调直流电源输出为 0~24V/2A，并带有过载、短路保护功能，短路保护的值可以进行调节；直流输出电压显示为 3 位半数字，电压表读数单位为伏（V）；直流输出电流显示为 3 位半数字，电流表读数单位为安（A）。

3. 交流可调电压和固定电流电压部分

1）3~24V 交流电源，7 档可调，带过载、短路保护；进入过载、短路保护后报警指示灯亮，去除过电流信号需手动复位。

2）±5V、±12V 开关稳压直流电源。

4. 数字电压表和电流表

提供一只 3 位半的数字电压表和一只 3 位半的数字电流表，以便数据测量。

5. 多功能插座

输出 4 路多功能插座可输出 AC 220V 单相交流电源，实验台共提供 8 路多功能插座，总输出功率不大于 800W。

三、直流电压的测量

测量直流电压时的操作如下（见图 3-4）：

1）打开实验台电源开关。

2）打开 0~24V 可调直流电源部分开关。

3）将万用表量程开关旋至直流电压 40V 档位。

4）将万用表红表笔插入红色插孔，黑表笔插入黑色插孔。

5）在万用表液晶显示屏上读取被测量的

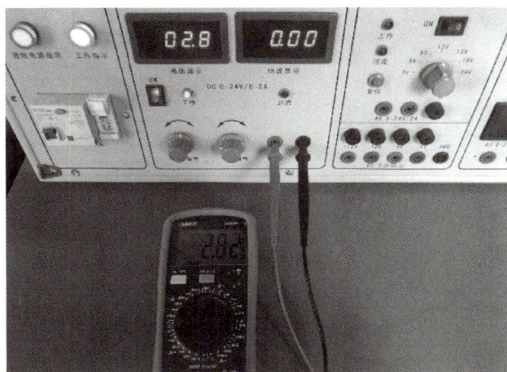

图 3-4　测量直流电压

电压值，填入表 3-1 中。

6）旋转实验台 0~24V 可调直流电源部分电压调节开关，再次测量电压并记录。

表 3-1　直流电压测量记录表

测量次数	第 1 次	第 2 次	第 3 次	第 4 次	第 5 次
电压值					

四、交流电压的测量

测量交流电压时的操作如下（见图 3-5）：

1）打开实验台电源开关。

2）打开交流可调电压部分开关。

3）将万用表量程开关旋至交流电压 40V 档位。

4）将万用表红、黑表笔分别插入红色插孔和黑色插孔。

5）在万用表液晶显示屏上读取测量的电压值，填入表 3-2 中。

5）旋转实验台交流可调电压部分转换开关，再次测量电压并记录。

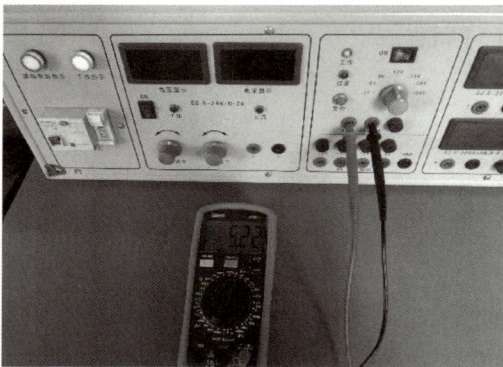

图 3-5　测量交流电压

表 3-2　交流电压测量记录表

测量次数	第 1 次	第 2 次	第 3 次	第 4 次	第 5 次
电压值					

【学习评价】

序号	考核内容	配分	评分要素	自评	互评	师评
1	小组准备	10 分	小组分工明确，能够对任务内容及实施步骤进行精心准备			
2	操作技能	30 分	能熟练运用所学技能在工作台完成交流电压和直流电压的测量任务			
3	成果展示与任务报告	20 分	成果展示内容充实、语言规范，实践活动报告结构完整、观点正确			

（续）

序号	考核内容	配分	评分要素	自评	互评	师评
4	学习态度与课堂纪律	15分	学习积极主动、态度认真，遵守教学秩序			
5	自主学习与动手能力	10分	具有探究精神、自学意识和较强的动手能力，善于发现问题			
6	团队配合	15分	团队意识强，小组成员配合默契，问题解决及时			
7	总分统计	100分				
8	综合评价					

任务二　电流的测量

【任务描述】

电流是电路中非常重要的物理量，我们应该如何测量？

【知识链接】

一、直流电流的测量

测量直流电流时，先把万用表黑表笔插入COM孔，红表笔插入其余测量插孔，再把量程开关拨到直流电流测量档位相应的量程上，将万用表串联于被测电路中，被测电流从万用表的红表笔流入、黑表笔流出，液晶显示屏显示的数值即为被测电流的大小，显示数值前的DC表示为直流电流，数值上面的字母即为被测电流的单位。

测量较大电流时，需将万用表的红表笔插入10A电流测试插孔，其他操作方法不变。

二、交流电流的测量

测量交流电流时，先把万用表黑表笔插入COM孔，红表笔插入其余测量插孔，再把量程开关拨到交流电流测量档位相应的量程上，然后把红表笔和黑表笔串联于被测电路中，显示屏显示的数值即为被测电流的大小，显示数值前的AC表示为交流电流，数值上面的字母即为被测电流的单位。

交流电流测量和直流电流测量最大的不同就是直流电流要注意电流的方向是红表笔流入、黑表笔流出，交流电流不需区分红黑表笔的接法，因为它是变化的。

【任务实施】

一、工具器材

万用表、实验台、带电阻的电路板等。

二、测量直流电流

如图3-6所示，测量直流电流时的操作如下：

1）打开实验台电源开关。

2）打开 0~24V 可调直流电源部分开关。

3）将万用表量程开关旋至合适的直流电流档位（不确定的时候先选大的档位，再根据测得的数据调整档位）。

4）将万用表红、黑表笔串联插入电路中，红表笔接靠近电源正极的一侧，黑表笔接靠近电源负极的一侧。

5）在万用表液晶显示屏上读取测量的电流值，填入表 3-3 中。

6）旋转实验台 0~24V 可调直流电源部分电压调节开关，再次测量电流并记录。

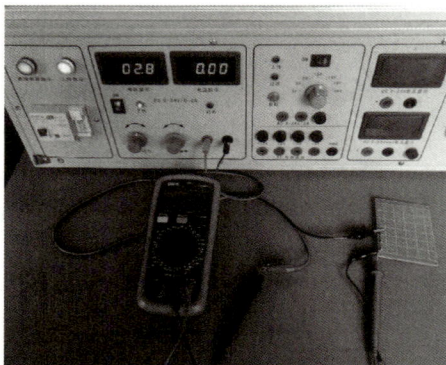

图 3-6　测量直流电流

表 3-3　直流电流测量记录表

测量次数	第 1 次	第 2 次	第 3 次	第 4 次	第 5 次
电流值					

三、测量交流电流

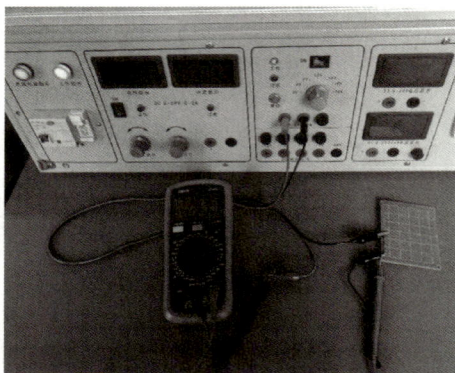

如图 3-7 所示，测量交流电流时的操作如下：

1）打开实验台电源开关。

2）打开交流可调电压部分开关。

3）将万用表量程开关旋至交流电流合适档位（不确定的时候先选大的档位，再根据测得的数据调整档位）。

4）将万用表红、黑表笔串联接入电路中。

5）在万用表液晶显示屏上读取测量的电流值，填入表 3-4 中。

图 3-7　测量交流电流

6）旋转实验台交流可调电压部分的转换开关，再次测量电流并记录。

表 3-4　交流电流测量记录表

测量次数	第 1 次	第 2 次	第 3 次	第 4 次	第 5 次
电流值					

【学习评价】

序号	考核内容	配分	评分要素	自评	互评	师评
1	小组准备	10分	小组分工明确,能够对任务内容及实施步骤进行精心准备			
2	操作技能	30分	能熟练运用所学技能在试验台完成交流电流和直流电流的测量任务			
3	成果展示与任务报告	20分	成果展示内容充实、语言规范,实践活动报告结构完整、观点正确			
4	学习态度与课堂纪律	15分	学习积极主动、态度认真,遵守教学秩序			
5	自主学习与动手能力	10分	具有探究精神、自学意识和较强的动手能力,善于发现问题			
6	团队配合	15分	团队意识强,小组成员配合默契,问题解决及时			
7	总分统计	100分				
8	综合评价					

任务三 绝缘电阻和接地电阻的测试

【任务描述】

绝缘电阻是衡量物体绝缘性能的重要参数。绝缘电阻如何测试?用什么仪表测试绝缘电阻?接地电阻是衡量接地状态是否良好的重要参数。接地电阻如何测试?用什么仪表测试接地电阻?

【知识链接】

一、绝缘电阻的测试

1. 绝缘电阻表的使用方法

测试绝缘电阻的常用仪表有绝缘电阻表和绝缘电阻测试仪两种。绝缘电阻表也称为兆欧表、摇表。ZC25-4 绝缘电阻表的外观如图 3-8 所示。

(1)开路检测 将绝缘电阻表水平放置,分开线路端 L 和接地端 E,以每分钟 120 转顺时针匀速摇动金属手柄,绝缘电阻表指针指向 ∞。

(2)短路检测 将绝缘电阻表的线路端 L 和接地端 E 触碰在一起,迅速摇动一下金属手柄,绝缘电阻表指针迅速指向零。

开路检测和短路检测正常的绝缘电阻表才能使用。

(3)绝缘电阻的测试(断电测试) 先将绝缘电阻表水平放置,再进行开路检测和短路检测,然后将线路端 L 连接在被测设备的导体部分,接地端 E 连接在被测设备的外壳或接地部分,以每分钟 120 转顺时针匀速摇动金属手柄,边摇动手柄边观察绝缘电阻表刻度盘读数。

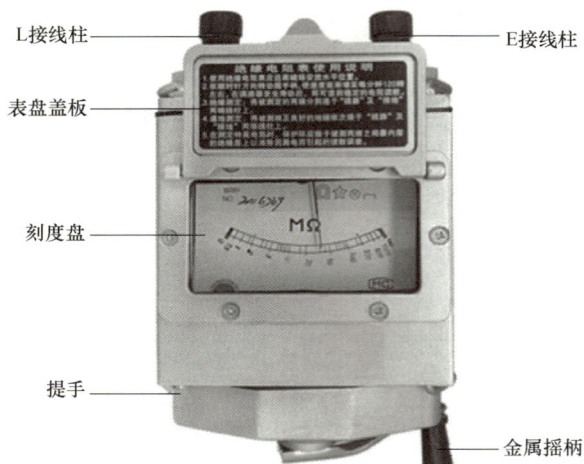

图 3-8　ZC25-4 绝缘电阻表的外观

L—线路端　E—接地端

2. 绝缘电阻测试仪的使用方法

用绝缘电阻测试仪（见图 3-9）测试绝缘电阻时的操作如下：

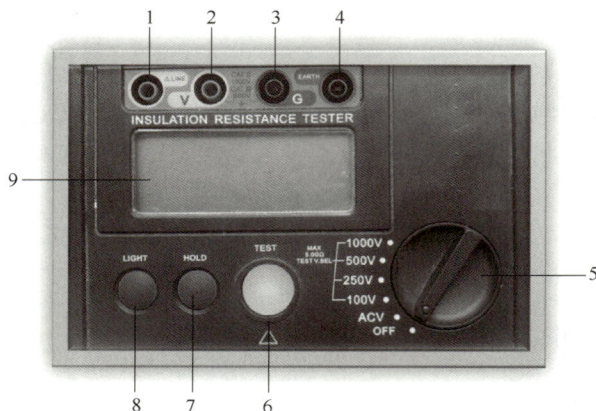

图 3-9　绝缘电阻测试仪

1—LINE：绝缘电阻测试高压输出插孔　2—V：电压测量输入正插孔

3—G：电压测量输入负插孔　4—EARTH：绝缘电阻测试取样插孔　5—功能旋钮

6—绝缘电阻测试按钮　7—数据保持按钮　8—背光按钮　9—液晶显示屏

1）确保被测试电路完全放电并与电源电路完全隔离。

2）转动功能旋钮，选择测试时所用高电压档位。

3）将红表笔插入 LINE 线路端插孔，黑表笔插入 EARTH 接地端插孔。

4）将红表笔接入被测电路，黑表笔与地连接。

5）按下测试按钮，液晶显示屏显示被测绝缘电阻的大小和测试时仪表的输出电压。

图 3-10 为绝缘电阻测试示意图。

二、接地电阻的测试

用接地电阻测试仪（见图 3-11）测试接地电阻时的操作如下：

1）将 P 端和 C 端接地钉打到大地深处，它们和被测接地端呈直线排成一行，彼此间隔 5~10m；E 端连接被测接地端。

2）将功能旋钮旋至接地电阻 2000Ω 档（最大档），并把 V 端连接到被测电路，按下测试按钮，液晶显示屏显示接地阻值；若所测电阻小于 200Ω，则选择较小档位进行测试。按下测试按钮时，按钮上的状态指示灯会亮，表示仪表正处于测试状态。

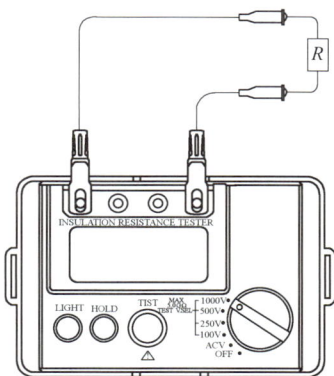

图 3-10　绝缘电阻测试示意图

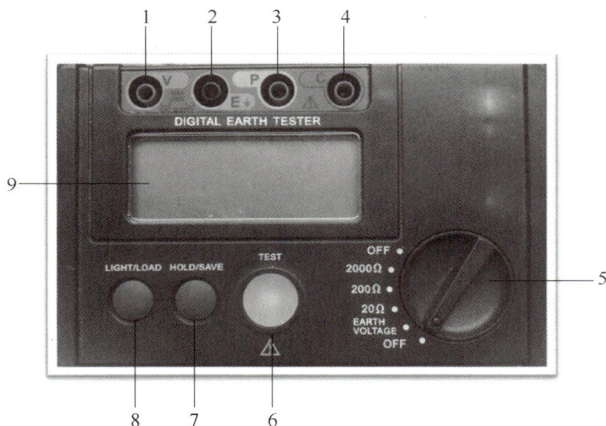

图 3-11　接地电阻测试仪

1—V：接地电阻测试电压输出插孔　2—E：被测接地端　3—P：电位电极
4—C：辅助电极　5—功能旋钮　6—接地电阻测试按钮　7—数据保持按钮
8—背光按钮　9—液晶显示屏

图 3-12 为接地钉的打法。

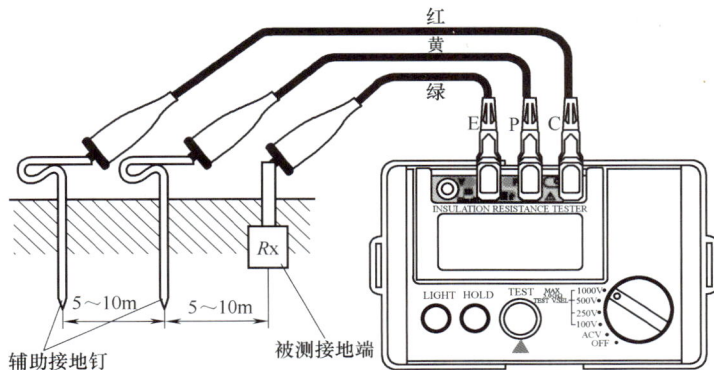

图 3-12　接地钉的打法

【任务实施】

一、工具器材

绝缘电阻表、绝缘电阻测试仪、金属导线、三相异步电动机。

二、绝缘电阻的测试

1. 测试金属导线的绝缘电阻

将绝缘电阻表水平放置，经开路检测和短路检测正常后，将线路端 L 连接在导线的金属芯上，将接地端 E 连接在绝缘胶皮上，以 120r/min 匀速摇动金属手柄，边摇动手柄边观察绝缘电阻表刻度盘读数，如图 3-13 所示。

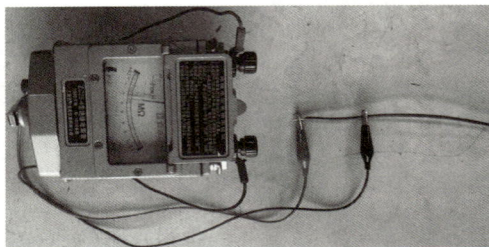

图 3-13　测试金属导线的绝缘电阻图

2. 测试三相异步电动机的相间绝缘电阻和每相对地绝缘电阻

（1）相间绝缘电阻的测试　将绝缘电阻表水平放置，经开路检测和短路检测正常后，将线路端 L 和接地端 E 分别连接在三相异步电动机两相定子绕组的一端，以 120r/min 匀速摇动金属手柄，边摇动手柄边观察绝缘电阻表刻度盘读数，如图 3-14 所示。将测试结果填入表 3-5 中。

（2）每相对地绝缘电阻的测试　将绝缘电阻表水平放置，经开路检测和短路检测正常后，将线路端 L 连接在三相异步电动机定子绕组的一端，接地端 E 连接在电动机外壳没有绝缘漆的螺钉上，以 120r/min 匀速摇动金属手柄，边摇动手柄边观察绝缘电阻表刻度盘读数，如图 3-15 所示。将测试结果填入表 3-5 中。

图 3-14　测试三相异步电动机的相间绝缘电阻图

图 3-15　测试三相异步电动机的每相对地绝缘电阻图

表 3-5　三相异步电动机绝缘电阻测试记录表

类别	绝缘电阻值	类别	绝缘电阻值
U-V		U-地	
U-W		V-地	
V-W		W-地	

【学习评价】

序号	考核内容	配分	评分要素	自评	互评	师评
1	小组准备	10分	小组分工明确，能够对任务内容及实施步骤进行精心准备			
2	操作技能	30分	能熟练运用所学技能完成绝缘电阻的测试任务			
3	成果展示与任务报告	20分	成果展示内容充实、语言规范，实践活动报告结构完整、观点正确			
4	学习态度与课堂纪律	15分	学习积极主动、态度认真，遵守教学秩序			
5	自主学习与动手能力	10分	具有探究精神、自学意识和较强的动手能力，善于发现问题			
6	团队配合	15分	团队意识强，小组成员配合默契，问题解决及时			
7	总分统计	100分				
8	综合评价					

【知识拓展】

FLUKE1508 型绝缘电阻测试仪简介

FLUKE1508 型绝缘电阻测试仪可以用来测试接地电阻、绝缘电阻等，其外观如图 3-16 所示。

一、测试绝缘电阻

绝缘测试只能在不通电的电路上进行。测试绝缘电阻的操作如下：

1）将测试探头插入 V 和 COM（公共）输入端子。

2）将转换开关转至所需要的测试电压。

3）按住测试按钮开始测试，辅显示位置显示被测电路上所施加的测试电压，主显示位置显示高压符号，并以 $M\Omega$ 或者 $G\Omega$ 为单位显示电阻；显示屏的下端出现测试图标，直到释放测试按钮。当电阻超过最大显示量程时，测试仪显示 ">" 符号以及当前量程的最大电阻值。继续将探头留在测试点上，然后释放测试按钮，被测电路即开始通过测试仪放电，主显示位置显示电阻读数，直到开始新的测试或者选择了不同功能或量程或者检测到了 30V 以上的电压。检测到 30V 以上的电压时，主显示位置显示电压超过了 30V 以上，同时显示高压符号，这状况是被禁止的。

图 3-17 为用 FLUKE1508 型绝缘电阻测试仪测试绝缘电阻的示意图。

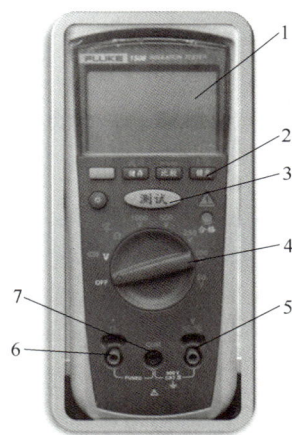

图 3-16　FLUKE1508 型绝缘电阻测试仪的外观

1—液晶显示屏　2—功能按钮

3—测试按钮　4—转换开关

5—测量电压和绝缘电阻插孔

6—测试接地电阻插孔

7—公共插孔 COM

二、测试接地电阻

接地电阻的测试也只能在不通电的电路上进行。测试接地电阻的操作如下：

1）将测试探头插入 Ω 和 COM（公共）输入端子。

2）将转换开关转至零 Ω 档位置。

3）将探头的端部短接并按住蓝色按钮直到显示屏出现短画线符号，测试仪测试探头的电阻将读数保存在内存中，测量接地电阻时，设备实际接地电阻等于测量值减去该数值。当测试仪在关闭状态时，仍会保存探头的电阻读数，若探头电阻大于 2Ω，则不会被保存。

4）将探头与待测电路连接。测试仪会自动检测电路是否通电，按住测试按钮开始测试。显示屏下端位置出现测试图标，直到释放测试按钮。显示屏显示电阻读数，直到开始新的测试或者选择了不同功能或量程。

图 3-18 为用 FLUKE1508 型绝缘电阻测试仪测试接地电阻的示意图。

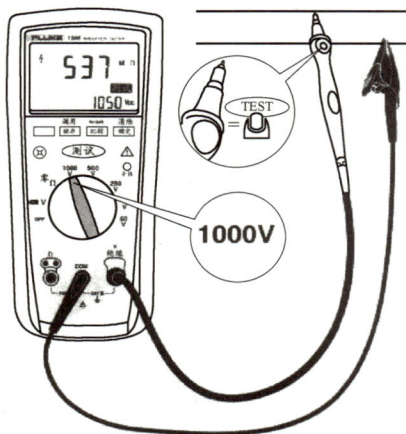

图 3-17　用 FLUKE1508 型绝缘电阻测试仪测试绝缘电阻的示意图

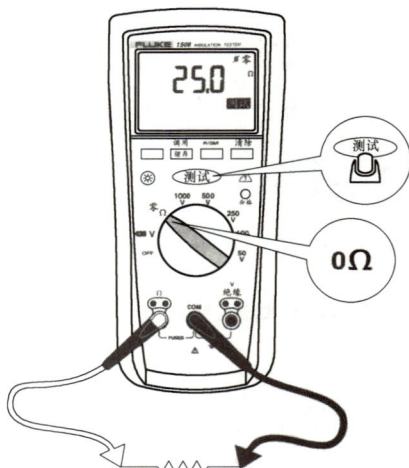

图 3-18　用 FLUKE1508 型绝缘电阻测试仪测试接地电阻的示意图

【项目小结】

本项目主要学习了：

1　用万用表测量直流电压和交流电压的方法。
2　用万用表测量直流电流和交流电流的方法。
3　绝缘电阻和接地电阻的测试方法。

【巩固练习】

1. 简述测量直流电压和交流电压的方法。
2. 简述直流电流的测试方法。
3. 简述三相异步电动机绝缘电阻的测试方法。
4. 简述接地电阻测试仪的使用方法。

项目四　电阻器的识别与测试

电阻器是最常用的电子元件，同时也是最重要的电子元件之一。那么，电阻器有哪些类型？它们有什么特点？怎么去识别与检测电阻器？

本项目主要通过两个任务的实施来学习电阻器的识别与测试，固定电阻器的识别与测试和可变电阻器的识别与测试。

【学习目标】

知识目标	1. 了解电阻器的分类和主要参数。 2. 掌握电阻器的识读方法。
能力目标	1. 能用万用表检测电阻器的阻值。 2. 能用万用表检测电阻器的好坏。
素养目标	1. 培养学生的实践能力和创新能力。 2. 提升学生的团队协作意识和沟通能力。

任务一　固定电阻器的识别与测试

【任务描述】

对固定电阻器阻值的测量一般采用数字式万用表进行测量，方法简单，方便快捷，是最常用的测量固定电阻器阻值的方法。

【知识链接】

一、电阻器的分类

常用电阻器的种类很多，其分类方法和特性也各不相同，常见的电阻器有膜式电阻器、水泥电阻器、线绕电阻器和贴片电阻器等。

1. 膜式电阻器

膜式电阻器有碳膜电阻器、金属膜电阻器等。

（1）碳膜电阻器　碳膜电阻器是膜式电阻器中的一种，如图 4-1 所示。它是采用高温真空镀膜技术将碳紧密附着在瓷棒表面形成碳膜，改变碳膜的厚度和长度，可以得到不同的阻值，然后在碳膜表面涂上环氧树脂密封保护而成的。

（2）金属膜电阻器　金属膜电阻器也是膜式电阻器中的一种，如图 4-2 所示。它是采用高温真空镀膜技术将镍铬或类似的合金紧密附着在瓷棒表面形成金属膜，经过切割调试阻值，以达到最终要求的精密阻值，然后加适当接头并进行切割，在其表面涂上环氧树脂密封保护而制成的。

图 4-1　碳膜电阻器

图 4-2　金属膜电阻器

2. 水泥电阻器

水泥电阻器如图 4-3 所示。水泥电阻器是将电阻线绕在无碱性耐热瓷件上，外面加上耐热、耐湿及耐腐蚀材料保护固定，最后用特殊不燃性耐热水泥充填密封而制成的。

3. 线绕电阻器

线绕电阻器是固定电阻器的一种，如图 4-4 所示。线绕电阻器是用电阻丝绕在绝缘骨架上制成的。电阻丝一般采用具有一定电阻率的镍铬、锰铜等合金制成。绝缘骨架是由陶瓷、塑料、涂覆绝缘层的金属等材料制成管形、扁形等各种形状。电阻丝在骨架上根据需要可以绕制一层，也可绕制多层，或采用无感绕法等。

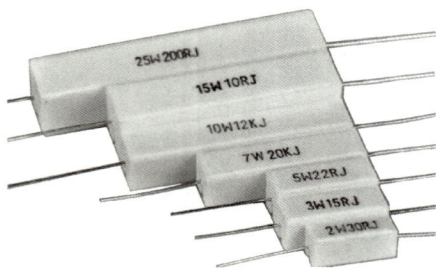

图 4-3　水泥电阻器

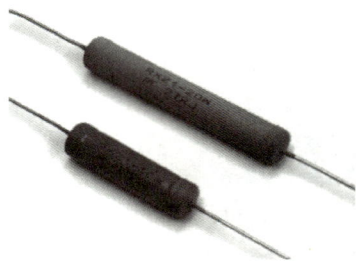

图 4-4　线绕电阻器

4. 贴片电阻器

贴片电阻器是金属玻璃釉电阻器中的一种，如图 4-5 所示。贴片电阻器是将金属粉和玻璃釉粉混合，采用丝网印制法印制在基板上制成的电阻器。其耐潮湿和高温，温度系数小，可大大节约电路空间成本，使设计更精细化。

二、电阻器的主要参数

电阻器的主要参数有标称阻值、功率和允许误差等，见表 4-1。

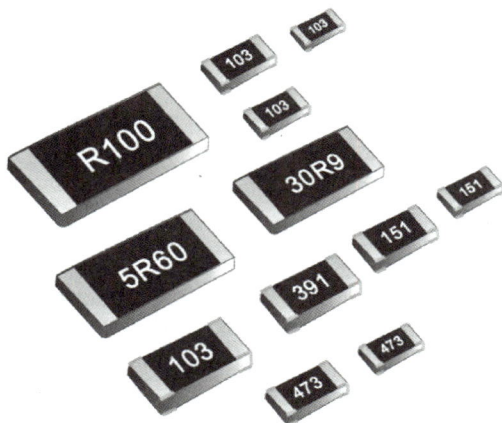

图 4-5 贴片电阻器

表 4-1 电阻器的主要参数

主要参数	含 义	参数说明
标称阻值	表示电阻器对电流阻碍作用的强弱。阻值越大,阻碍作用越强	用字母 R 表示,其单位有 Ω、kΩ 或 MΩ 等
功率	表示电阻器在正常工作中能够承受的最大功率	有 1/16W、1/8W、1/4W、1/2W、1W、2W、5W、10W 等。小功率电阻器的功率一般通过体积的大小来表示
允许误差	指电阻器的标称阻值与实际阻值的差异	用百分比来表示。普通精度电阻器(四色环)的误差有 ±5%、±10%、±20%三种,高精度电阻器(五色环)的误差有 ±1%、±2% 等

三、常见电阻器的识读与标注方法

电阻器的标称阻值与允许误差的标注方法有直标法、文字符号法、数字法和色环标注法。

1. 直标法

用数字直接将阻值、误差等标注在电阻器上,对于功率较大的电阻器还标注出其功率(有时允许误差用字母表示,F 为±1%,G 为±2%,J 为±5%,K 为±10%,M 为±20%)。如图 4-6 所示,电阻器上标注 5W22ΩJ 表示其功率为 5W,阻值为 22Ω,允许误差为±5%;电阻器上标注 2W120ΩJ 表示其功率为 2W,标称阻值为 120Ω,允许误差为±5%。

图 4-6 直标法

2. 文字符号法

用数字和符号组合起来标注电阻器的标称阻值和误差。如图 4-7 所示,6R8 表示标称阻值为 6.8Ω,三字符表示允许误差为±5%;3R24 表示标称阻值为 3.24Ω,四字符表示允许误差为±1%。

3. 数字法

用三位数字表示电阻器的标称阻值，其中前两位为有效数字，第三位为倍率（后边加 0 的个数），单位为 Ω。用四位数字表示电阻器的阻值，其中前三位为有效数字，第四位为倍乘数（即后边加 0 的个数），单位为 Ω。如图 4-8 所示，103 表示 10000Ω（10kΩ）；1002 表示 10000Ω（10kΩ）。

6R8=6.8Ω
三字符允许误差是 ±5%

3R24=3.24Ω
四字符允许误差是 ±1%

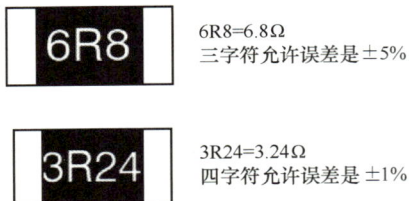

图 4-7　文字符号法　　　　　　　　　图 4-8　数字法

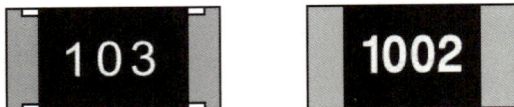

4. 色环标注法

色环电阻器是电子电路中最常用的电子元件，色环电阻器就是在普通电阻器的封装上涂上不一样颜色的色环，用来区分其标称阻值。色环可保证在安装电阻器时不管从什么方向安装，都可以清楚地读出它的阻值。色环电阻器阻值的基本单位有：Ω、kΩ、MΩ。

平常使用的色环电阻器可以分为四色环和五色环。其中四色环电阻器前两环为数字，第三环表示阻值倍乘数，最后一环为允许误差；五色环电阻器前三环为数字，第四环表示阻值倍乘数，最后一环为允许误差。色环代表的含义如图 4-9 所示。

四色环电阻器

五色环电阻器

颜色	I	II	III	倍乘数	允许误差
黑	0	0	0	10^0	
棕	1	1	1	10^1	±1%
红	2	2	2	10^2	±2%
橙	3	3	3	10^3	
黄	4	4	4	10^4	
绿	5	5	5	10^5	±0.5%
兰	6	6	6		±0.25%
紫	7	7	7		±0.1%
灰	8	8	8		
白	9	9	9		
金				10^{-1}	±5%
银				10^{-2}	±10%

图 4-9　色环代表的含义

如图 4-10 所示，四色环电阻器，红色在第一环就是 2，第二环红色为 2，第三环黑色是乘积 10 的 0 次方也就是 1，第四环金色允许误差为 ±5%，计算出来阻值是 $22×1Ω=22Ω$，允许误差是 ±5%。

如图 4-11 所示，五色环电阻器，黄色在第一环就是 4，第二环紫色为 7，第三环黑色是

0，第四环橙色就是乘积了，10 的 3 次方也就是 1000，第五环棕色允许误差为±1％，计算出来阻值是 470×1000Ω＝470kΩ，然后允许误差是±1％。

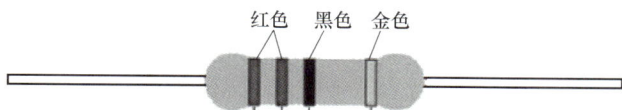

红色　黑色　金色

图 4-10　四色环电阻器

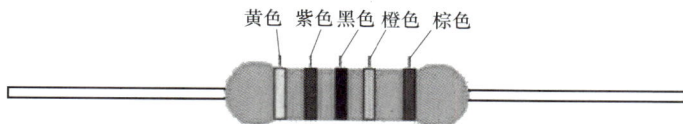

黄色　紫色 黑色　橙色　棕色

图 4-11　五色环电阻器

【任务实施】

一、工具器材

UT39C+型数字式万用表、色环电阻器若干。

二、测量方法

1. 插入表笔

将红表笔插入 VΩμAmA 插孔，黑表笔插入 COM 插孔，如图 4-12 所示。

2. 选择档位

将功能开关旋至 Ω 档中合适的电阻测量档位，在开路状态时显示屏显示 ".OL"，如图 4-13 所示。

图 4-12　插入表笔

图 4-13　选择档位

3. 读取数值

将红黑表笔并联在固定电阻器两端，等待读数稳定后再读出阻值。若在测量时，显示屏显示 ".OL"，表示阻值超过了量程，应选择更高的量程；若量程选择太大，则显示屏显示 0，应减小量程。在测试时，注意人体不能同时接触被测电阻器的两端，以免人体电阻影响测量的准确性，如图 4-14 所示。

4. 整理台面

检测完毕后，将转换开关置于 OFF 位置，取下表笔，按 6S 管理要求整理清洁工作台，如图 4-15 所示。

图 4-14　读取数值

图 4-15　整理台面

三、实操练习

使用 UT39A+型数字式万用表测量固定电阻器的结果并填入表 4-2 中。

表 4-2　固定电阻器阻值的测量

序号	色环标识	标称阻值	允许误差	实测阻值
R1				
R2				
R3				
R4				
R5				
R6				
R7				
R8				
R9				
R10				

【学习评价】

序号	考核内容	配分	评分要素	自评	互评	师评
1	小组准备	10 分	小组分工明确,能够对任务内容及实施步骤进行精心准备			
2	操作技能	30 分	能熟练运用所学技能完成实践任务			

（续）

序号	考核内容	配分	评分要素	自评	互评	师评
3	成果展示与任务报告	20分	成果展示内容充实、语言规范,实践活动报告结构完整、观点正确			
4	学习态度与课堂纪律	15分	学习积极主动、态度认真,遵守教学秩序			
5	自主学习与动手能力	10分	具有探究精神、自学意识和较强的动手能力,善于发现问题			
6	团队配合	15分	团队意识强,小组成员配合默契,问题解决及时			
7	总分统计	100分				
8	综合评价					

【思考与练习】

1. 常见电阻器有哪些类型?
2. 电阻器有哪几个主要参数?
3. 电阻器参数的标注方法有哪些?

任务二 可调电阻器的识别与测试

【任务描述】

固定电阻器的阻值是不能改变的,而可调电阻器的阻值可以在一定的范围内任意改变,对可调电阻器的阻值的测量一般采用数字式万用表进行测量,方法简单,方便快捷,是最常用的测量可调电阻器阻值的方法。

【知识链接】

一、可调电阻器

可调电阻器也称为微调电阻器,形状多为长方形或正方形,其阻值可以通过小螺丝刀进行调节,在实际使用中,一经调定,一般不再随意调节其阻值,如图 4-16 所示。

图 4-16 可调电阻器

二、电位器

电位器一般有调节阻值的手柄,可以随时对阻值进行调整,有的电位器还带有开关功能，如图 4-17 所示。

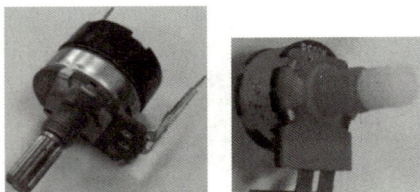

图 4-17　电位器

【任务实施】

一、工具器材

UT39A+型数字式万用表、电位器若干、可调电阻器若干。

二、测量方法

1. 插入表笔

将红表笔插入 VΩμAmA 插孔，黑表笔插入 COM 插孔。

2. 选择档位

将功能开关旋至 Ω 档中合适的量程，在开路状态时显示屏显示 ".OL"。

3. 测总电阻

测量方法与测量固定电阻器阻值方法相同。将红黑表笔并联在可调电阻器两端，等待读数稳定后再读出阻值。若在测量时，显示屏显示 ".OL"，表示阻值超过了量程，应选择更高的量程；若量程选择太大，则显示屏显示 0，应减小量程。

4. 测分电阻

用万用表的红、黑两支表笔测量可调电阻器的中心引脚和其中一端引脚之间的电阻，用螺丝刀调节其阻值，阻值应在 0Ω~标称阻值之间均匀变化。

5. 整理台面

检测完毕后，将转换开关置于 OFF 位置，取下表笔，按 6S 管理要求整理清洁工作台。

三、实操练习

使用 UT39A+型数字式万用表测量可调电阻器的结果并填入表 4-3 中。

表 4-3　可调电阻器阻值的测量

序号	标称阻值	允许误差	实测阻值	好坏
1				
2				
3				
4				
5				

【学习评价】

序号	考核内容	配分	评分要素	自评	互评	师评
1	小组准备	10分	小组分工明确,能够对任务内容及实施步骤进行精心准备			
2	操作技能	30分	能熟练运用所学技能完成实践任务			
3	成果展示与任务报告	20分	成果展示内容充实、语言规范,实践活动报告结构完整、观点正确			
4	学习态度与课堂纪律	15分	学习积极主动、态度认真,遵守教学秩序			
5	自主学习与动手能力	10分	具有探究精神、自学意识和较强的动手能力,善于发现问题			
6	团队配合	15分	团队意识强,小组成员配合默契,问题解决及时			
7	总分统计	100分				
8	综合评价					

【知识拓展】

电阻传感器

电阻传感器是将自然界的一些非电学量(如压力、热力、光、热等)转变成阻值变化的器件,常用于各种自动检测和控制设备中。常见的电阻传感器有热敏电阻器、光敏电阻器、气敏电阻器、湿敏电阻器和压敏电阻器等。

(1)热敏电阻器　热敏电阻器是随着温度变化其阻值有很大变化的一种电阻传感器。其又可分为正温度系数热敏电阻器和负温度系数热敏电阻器两种。

(2)光敏电阻器　光敏电阻器是随着光线的强弱变化其阻值有较大变化的一种电阻传感器。

(3)气敏电阻器　气敏电阻器是一种将检测到的气体的成分和浓度转换为相应电信号的电阻传感器。气敏电阻器根据型号不同对不同的气体敏感,有的是对汽油敏感,有的是对酒精敏感,有的是对一氧化碳敏感等。气敏电阻器广泛用于酒精度检测、室内燃气报警、煤矿安全报警检测等设备中。

(4)湿敏电阻器　湿敏电阻器对环境湿度敏感,它吸收环境中的水分,直接把湿度的变化变成阻值的变化。

(5)压敏电阻器　压敏电阻器主要用作电路的过电压保护。使用中,压敏电阻器和电路并联,外加电压正常时其阻值很大,不起作用;外加电压一旦超过保护电压,它的阻值迅速变小,使电流尽量从自己身上流过,烧断熔断器,从而保护了电路。

同学们可以通过上网查找,看还有些什么特殊功能的电阻传感器?它们的符号和特点是什么?

【项目小结】

本项目主要学习了：

1. 电阻器的分类和主要参数。
2. 常见电阻器的识读方法。
3. 使用数字式万用表测量电阻器的阻值。

【巩固练习】

1. 四色环电阻器的识读方法。
2. 五色环电阻器的识读方法。
3. 贴片电阻器的识读方法。
4. 使用数字式万用表练习测量各类电阻器的阻值。

项目五　电容器和电感器的识别与测试

电容器和电感器是电工电子技术中最基本的元件，也是电子设备中具有储能作用的元件。电容器在电子技术中具有滤波、选频、隔直、旁路等作用。电感器具有通直流、阻交流的作用，常用于滤波、选频、变压等方面。

本项目主要通过两个任务来学习电容器、电感器的识别与测试。

【学习目标】

知识目标	1. 了解电容器、电感器的分类和主要参数。 2. 掌握电容器、电感器的识读方法。
能力目标	1. 能用万用表检测电容器、电感器的参数。 2. 能用万用表检测电容器、电感器的好坏。
素养目标	1. 培养学生的实践能力和创新能力。 2. 提升学生的团队协作意识和沟通能力。

任务一　电容器的识别与测试

【任务描述】

对电容器的质量好坏、容量大小可以采用数字式万用表进行测量，方法简单，方便快捷。

【知识链接】

一、电容器的分类

常用电容器按其结构不同可分为固定电容器、可变电容器、微调电容器等。

1. 固定电容器

容量不可以调节的电容器叫作固定电容器。固定电容器的性能和用途与内部两极板间的介质有密切联系，常用的有：涤纶电容器、陶瓷电容器、金属膜电容器、电解电容器等。

（1）涤纶电容器 涤纶电容器是指用两片金属箔作电极，夹在极薄绝缘介质中，卷成圆柱形或者扁柱形芯子，介质是涤纶，如图5-1所示。涤纶薄膜电容器，介电常数较高，体积小，容量大，稳定性较好，适宜作为旁路电容器。

（2）陶瓷电容器 陶瓷电容器是一种用陶瓷材料作介质，在陶瓷表面涂覆一层金属薄膜，再经高温烧结后作为电极而制成的电容器，如图5-2所示。它通常用于高稳定振荡回路中，作为回路、旁路电容器。

图 5-1　涤纶电容器

图 5-2　陶瓷电容器

（3）金属膜电容器 金属膜电容器是指在将双面金属化聚丙烯膜和非金属化聚丙烯膜进行卷曲或者叠层所组成的电容器，如图5-3所示。金属膜电容器由于具有很多优良的特性，因此是一种性能优秀的电容器。

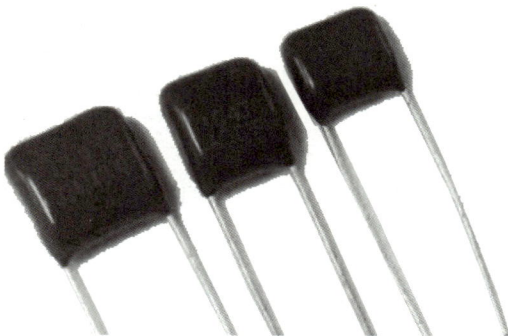

图 5-3　金属膜电容器

（4）电解电容器 电解电容器中金属箔为正极（铝或钽），与正极紧贴金属的氧化膜（氧化铝或五氧化二钽）为电解质，阴极由导电材料、电解质（电解质可以是液体或固体）和其他材料共同组成，因电解质是阴极的主要部分，电解电容器因此而得名，如图5-4所示。同时电解电容器正负不可接错。

图 5-4　电解电容器

2. 可变电容器

可变电容器的容量可在一定范围内随意变动，它由动片和定片组成，转动动片可改变容量，通常在无线电接收电路中起调谐作用，如图 5-5 所示。

3. 微调电容器

微调电容器实际上是一种可变电容器，只是容量变化范围较小，通常只有几皮法到几十皮法，如图 5-6 所示。它常在各种调谐及振荡电路中作为补偿电容器或校正电容器使用。

图 5-5　可变电容器

图 5-6　微调电容器

二、电容器的主要参数

电容器的主要参数有标称容量、允许误差和额定工作电压（耐压）等。

（1）标称容量　容量表示能储存电荷的多少。电容器上所标明的容量的值称为标称容量。

（2）允许误差　国家对不同的电容器规定了不同的误差范围，在此范围之内的误差称为允许误差。电容器的允许误差一般标注在电容器的外壳上。

（3）额定工作电压（耐压）　电容器的额定工作电压（有时也称为电容器的耐压），是指该电容器在电路中能够长时间可靠地工作，并且保证电介质性能良好的直流电压的数值。要使电容器能安全可靠地工作，必须保证所加电压不得超过其额定电压。特别是在交流电路中，应保证电容器的耐压大于交流电压的最大值，否则有被击穿而损坏的危险。

三、常见电容器的识读与标注方法

电容器的标注方法主要有直接标注法、数码表示法、数字字母法和色标法。

（1）直接标注法　直接标注法是电容器的标称容量、允许误差及工作电压直接标注在电容器上，例如：电容器上标有 470μF 50V，指的就是电容器的标称容量为 470μF，耐压为 50V，如图 5-7 所示。有些电容器采用 "R" 表示小数点，如 R47μF 表示容量为 0.47μF。

（2）数码表示法　数码表示法一般是 3 位数字，最左边的第一位和中间的一位数字是有效数字，最右边的一位数字表示倍数，也就是 10 的多少次方，如果没有标明单

图 5-7　直接标注法

位，一般默认单位是 pF。如果是带小数点的数字，同时没有标明单位，则默认单位是 μF。如图 5-8 所示，图中电容器上标注 104，那么它的大小就是 $10 \times 10^4 \text{pF} = 100000 \text{pF}$，也就是 0.1μF，这种电容器一般是陶瓷电容器，如图 5-8 所示。

（3）数字字母法 数字字母法是指中间字母表示单位，容量的整数部分写在容量单位字母的前面，小数部分写在容量单位字母的后面。例如：4μ7 表示容量为 4.7μF；6n8 表示容量为 6.8nF，即 6800pF；1p5 表示容量为 1.5pF。

（4）色标法 色标法是指用色环标注，标注的颜色符号与电阻器颜色符号相同。每个色环对应的数字与电阻器的色环对应的数字相同，且标称容量计算方法也相同，其容量单位为 pF。

图 5-8 数码表示法

【任务实施】

一、工具器材

UT39C+型数字式万用表、陶瓷电容器若干、电解电容器若干。

二、测量方法

1）将转换开关拨到电容测量档位上。

2）将红表笔插入 VΩμAmA 插孔，黑表笔插入 COM 插孔，将两支表笔笔尖分别接触电容器的两个端点。

3）从显示屏上读取测试结果。在无输入时，仪表会显示一个固定读数，此数为仪表内部固有的电容值。对于小容量电容器的测量，被测量值一定要减去此值，才能确保测量精度。为此，对于小容量电容器的测量，应使用相对测量功能（REL）测量（仪表将自动减去内部固定值，方便测量读数）。

4）整理台面。检测完毕后，将转换开关置于 OFF 位置，取下表笔，按 6S 管理要求整理清洁工作台。

三、实操练习

使用 UT39C+型数字式万用表测量电容器的容量并填入表 5-1 中。

表 5-1 电容器容量的测量

序号	类型	标称容量	实际测量值	误差
C1				
C2				
C3				
C4				
C5				
C6				
C7				

（续）

序号	类型	标称容量	实际测量值	误差
C8				
C9				
C10				

【学习评价】

序号	考核内容	配分	评分要素	自评	互评	师评
1	小组准备	10分	小组分工明确,能够对任务内容及实施步骤进行精心准备			
2	操作技能	30分	能熟练运用所学技能完成实践任务			
3	成果展示与任务报告	20分	成果展示内容充实、语言规范,实践活动报告结构完整、观点正确			
4	学习态度与课堂纪律	15分	学习积极主动、态度认真,遵守教学秩序			
5	自主学习与动手能力	10分	具有探究精神、自学意识和较强的动手能力,善于发现问题			
6	团队配合	15分	团队意识强,小组成员配合默契,问题解决及时			
7	总分统计	100分				
8	综合评价					

【思考与练习】

1. 电容器有哪些主要参数?
2. 电容器参数的标注方法有哪些?
3. 怎样测量电容器的容量?

任务二 电感器的识别与测试

【任务描述】

电感器和电容器一样,是常用的储能元件之一,它具有储存磁能的作用。它一般由导线绕成线圈构成,广泛应用于电路中,完成阻流、变压、传送信号、谐振和阻抗变换等功能。

【知识链接】

一、电感器的分类

1. 空芯电感器

空芯电感器（见图 5-9）主要应用于感应接收、调焦、磁卡、磁头、大电流线圈、低压电器、工业控制、家用电器、汽车电子、SMT（表面安装技术）贴装、手机、无线收发、电子导航器、电源调整器、放大器、供应器及滤波等领域。

2. 铁心电感器

铁心电感器（见图 5-10）又称为扼流圈、电抗器或电感器，在电子设备中应用极为广泛，品种也很多。通常，铁心电感器可分为电源滤波扼流圈、交流扼流圈（包括电感线圈）和饱和扼流圈三种。

图 5-9　空芯电感器

图 5-10　铁心电感器

3. 色环电感器

色环电感器（见图 5-11）的标法和色环电阻器相同。另外，根据体积大小也可以分辨出能通过电流的大小。色环电感器的外形和色环电阻器相似，区别是电感器两端呈圆锥状。

4. 贴片电感器

贴片电感器（见图 5-12）又称为功率电感器、大电流电感器和表面贴装高功率电感器。具有小型化、高品质、高能量储存和低阻值等特性。

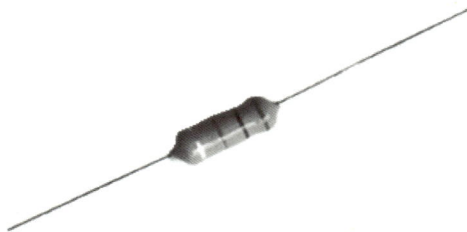

图 5-11　色环电感器

二、电感器的主要参数

1. 标称电感量

标称电感量反映电感线圈的固有特性，与线圈的匝数、结构有关，与外部电路参数无关。电感量也称为自感系数，用数字和文字符号直接标在电感器上，用符号 L 表示。

2. 允许误差

允许误差是指电感器上的标称电感量与实际电感量的允许误差值。

图 5-12　贴片电感器

3. 品质因数

品质因数是指电感线圈的储能与耗能之比，在谐振回路中尽量选择品质因数大的电感线圈。

4. 额定电流

额定电流是指电感器在正常工作时所允许通过的最大电流值。若工作电流超过额定电流，则电感器就会因发热而使性能参数发生改变，甚至还会因过电流而烧毁。

三、电感器的标注方法

1. 直接标注法

电感器的标称电感量、允许误差及工作电压直接标注在电感器上。

2. 色环标注法

用色环标注，标注的颜色符号与电阻器颜色符号相同。

【任务实施】

一、工具器材

UT39C+型数字式万用表、电感器若干。

二、测量方法

1. 插入表笔

将红表笔插入 VΩμAmA 插孔，黑表笔插入 COM 插孔。

2. 选择档位

将数字式万用表置于 $R \times 1$ 档，用于测量电感器的阻值。

3. 测量阻值

用万用表的表笔测量电感器的阻值，正常时应具有一定的阻值，正常电感器的阻值非常小，接近于 0Ω。如果测得电感器的阻值为无穷大，说明电感器已经损坏（内部开路）。

4. 测绝缘性

将万用表置于 $R \times 40k$ 档，根据不同的电感器，测试其绕组与绕组之间、绕组与铁心或金属外壳之间的阻值，其阻值为无穷大则正常。如果阻值为一个不是无穷大的具体值，说明有漏电现象；如果阻值为零，说明有短路故障。

5. 整理台面

检测完毕后,将转换开关置于 OFF 位置,取下表笔,按 6S 管理要求整理清洁工作台。

三、实操练习

使用 UT39C+型数字式万用表测量电感器的参数并填入表 5-2 中。

表 5-2　电感器的测量

序号	实际测量阻值	质量好坏	绝缘性能
L1			
L2			
L3			
L4			
L5			

【学习评价】

序号	考核内容	配分	评分要素	自评	互评	师评
1	小组准备	10 分	小组分工明确,能够对任务内容及实施步骤进行精心准备			
2	操作技能	30 分	能熟练运用所学技能完成实践任务			
3	成果展示与任务报告	20 分	成果展示内容充实,语言规范,实践活动报告结构完整、观点正确			
4	学习态度与课堂纪律	15 分	学习积极主动、态度认真,遵守教学秩序			
5	自主学习与动手能力	10 分	具有探究精神、自学意识和较强的动手能力,善于发现问题			
6	团队配合	15 分	团队意识强,小组成员配合默契,问题解决及时			
7	总分统计	100 分				
8	综合评价					

【思考与练习】

1. 电感器有哪些主要参数?
2. 电感器有哪些标注方法?
3. 用数字式万用表如何检测电感器的好坏?

【知识拓展】

变 压 器

变压器实质上是一种电感器,它是利用两个电感线圈靠近时的互感原理来传递交流信号或能量的。制作时将两组或两组以上的线圈绕在同一个线圈骨架上,或绕在同一铁心上。

(1) 变压器的作用和结构　变压器是根据电磁感应原理制成的一种电磁能量转换器件,它具有变换电压、变换电流和变换阻抗的作用,还可以隔离电源和负载。在电工技术、电子技术和自动控制中被广泛应用,常用的变压器有电力变压器、电源变压器、调压变压器、特种变压器、中频变压器、音频变压器、高频变压器和脉冲变压器等多种。

在不同频率中工作的变压器，虽然在具体结构、外形、体积上有很大差异，但它们都是由绕组（线圈）和铁心两部分构成的。

绕组（线圈）是变压器的电路部分，担负着电能输入、输出的功能，它是由具有良好绝缘的漆包线、纱包线或丝包线绕制而成的，在工作时，与电源相连的绕组称为一次绕组，而与负载相连的绕组称为二次绕组。通常将电压较低的绕组安装在靠近铁心柱的内层，电压较高的绕组安装在低压绕组的外面，而且绕组的区间和层间要绝缘良好，绕组和铁心、不同绕组之间必须绝缘良好。为了提高变压器的绝缘性能，在制造时要进行去潮处理（烘干、灌蜡、密封等）。

铁心是变压器磁路的一部分，为了减小涡流和磁滞损耗，铁心用磁导率高且相互绝缘的硅钢片叠装而成，硅钢片的厚度一般为 0.35~0.5mm，且表面涂有绝缘漆。根据铁心的构造不同，变压器又可分为心式和壳式两种。

变压器工作时，绕组和铁心都会发热，因此要采取相应的冷却措施，对于小容量变压器多采用空气冷却方式，对于大容量变压器则采用油浸自冷、油浸风冷或强迫循环风冷等方式，同时要考虑工作环境的电磁屏蔽作用。

（2）变压器的工作原理　变压器能将某一数值的交流电变换成频率相同而电压高低不同的交流电，其工作分为空载运行和负载运行，如图 5-13 所示，当变压器的一次绕组加上电压，而二次绕组开路（不接负载）时，称为空载运行；当变压器的一次绕组加上电压，二次绕组加上负载工作时，称为负载运行。

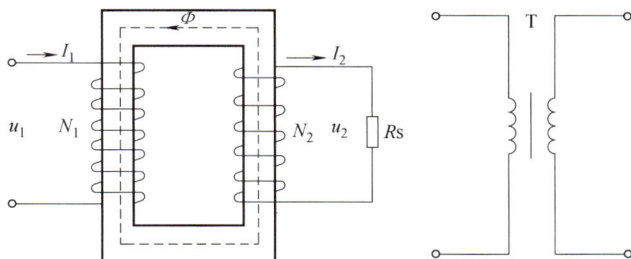

图 5-13　变压器的工作原理

【项目小结】

本项目主要学习了：

1. 电容器、电感器的分类和主要参数。
2. 常见电容器、电感器的识读方法。
3. 如何使用数字式万用表测量电容器的容量，检测电容器的好坏。
4. 如何使用数字式万用表测量电感器的阻值，检测电感器的好坏。

【巩固练习】

同学们可以通过上网查找，电容器和电感器在生活中有哪些用途？生活中哪些地方会用到电容器和电感器？

项目六　钎　焊　技　术

在电工技能课程的学习中，会遇到元器件焊接、电气设备焊接等工作。焊接质量对电路、整机的性能指标和可靠性有很大的影响。随着电气设备的复杂化、小型化和对可靠性要求不断提高，焊接质量显得十分重要。电工技术人员必须熟练掌握焊接技术，才能在元器件、电气设备焊接等工作中提高效率，保证工作质量。

【学习目标】

知识目标	1. 了解常见钎焊工具的分类。 2. 掌握常见钎焊工具的组成结构。 3. 掌握内热式电烙铁的使用方法。 4. 掌握焊台的使用和维护方法。 5. 掌握元器件焊接方法。
能力目标	1. 能正确使用及拆装内热式电烙铁。 2. 能正确使用及拆装数显可调恒温焊台。 3. 能按照焊接工艺要求进行元器件的焊接处理。
素养目标	1. 提升学生的安全意识。 2. 培养学生的实践能力和创新能力。 3. 培养学生的责任心和职业素养。 4. 提升学生的团队协作意识和沟通能力。

任务一　常见钎焊工具的认识与使用

【任务描述】

在电工技能中，钎焊技术是电工和相关专业人员必不可少的技术，钎焊用于各种元器件焊接、电气设备维修保养焊接，可以有效提高工作效率。那么，钎焊中常见的电烙铁有哪些？具体怎么使用？

【知识链接】

　　钎焊中常用到外热式电烙铁、内热式电烙铁和恒温电烙铁等，针对不同的场景使用合适的电烙铁可以高效地完成焊接工作。

一、常见钎焊工具

1. 外热式电烙铁

　　外热式电烙铁的功率越大，烙铁头的温度越高，常用的外热式电烙铁功率有25W、45W、75W和100W。外热式电烙铁主要由烙铁头、传热筒、发热元件（俗称烙铁芯）和支架组成，其外形及结构如图6-1所示。

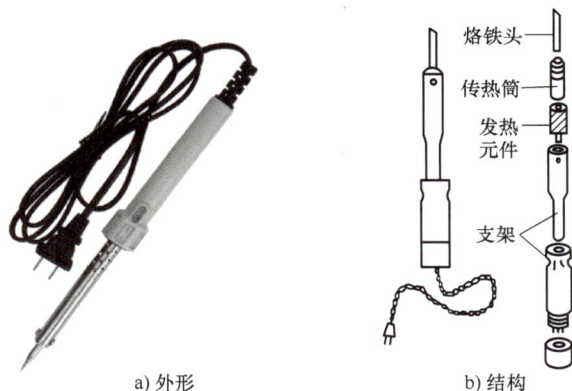

a) 外形　　　　　　　b) 结构

图 6-1　外热式电烙铁的外形及结构

2. 内热式电烙铁

　　内热式电烙铁的发热元件安装在烙铁头里面，因而发热快，热利用率高。20W的内热式电烙铁相当于40W左右的外热式电烙铁。常用的内热式电烙铁功率有20W、50W。内热式电烙铁主要由烙铁头、发热元件、连接杆和胶木手柄组成，其外形及结构如图6-2所示。

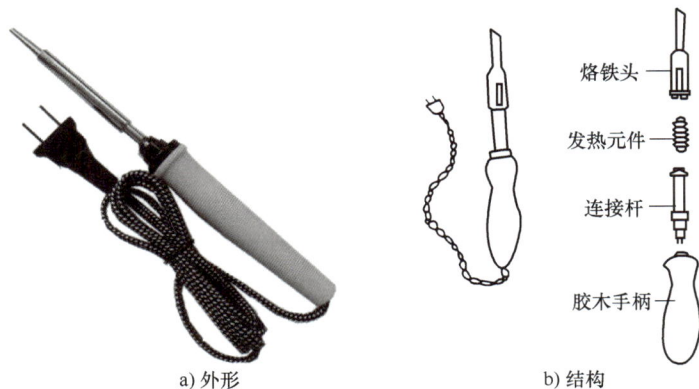

a) 外形　　　　　　　b) 结构

图 6-2　内热式电烙铁的外形及结构

3. 恒温电烙铁

　　恒温电烙铁的烙铁头内装有常磁铁式的温度控制器，通过控制通电时间对电烙铁的温度加以限制，使电烙铁达到恒温的要求，其外形及结构如图6-3所示。

a) 外形　　　　　　　　b) 结构

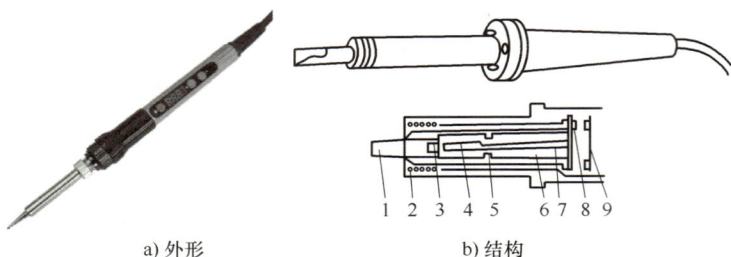

图 6-3　恒温电烙铁的外形及结构

1—烙铁头　2—加热器　3—软磁金属块　4—永磁铁　5—支架
6—磁性开头　7—小轴　8—接点　9—接触弹簧

二、焊台

（一）焊台的外形结构

焊台是一种常用于电子焊接工艺的手动工具，主要由主机、电烙铁和烙铁架三部分组成，可以恒温调温。以 SBK936D+型数显可调恒温焊台为例，该焊台使用 AC 220V/50Hz 的电源，功率为 60W，温度范围为 50～480℃，带有温度校准功能，其外形如图 6-4 所示。

SBK936D+型数显可调恒温焊台主机面板包括航空插座、增减温按键、温度校正按钮、电源开关、温度显示屏和散热孔等，如图 6-5 所示。

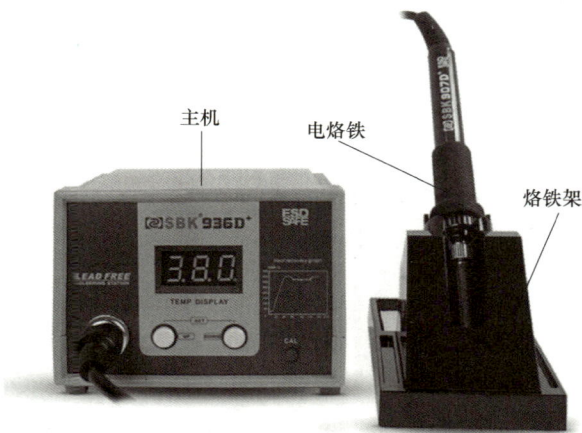

图 6-4　SBK936D+型数显可调恒温焊台的外形结构　**图 6-5　SBK936D+型数显可调恒温焊台主机面板**

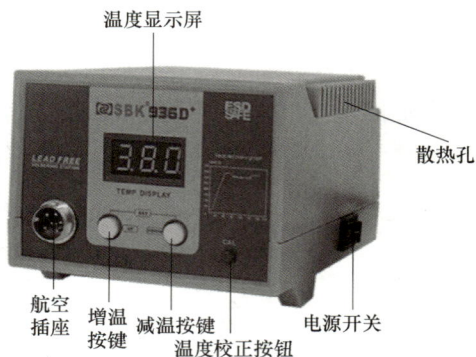

（二）焊台模式选择

接通电源，打开电源开关，温度显示屏显示先前的设定温度，1.5s 后开始显示实际温度，显示屏右下角的指示为加热指示。焊台模式选择见表 6-1。

表 6-1　焊台模式选择

模式	显示屏显示	说明
通常模式	烙铁头温度	传感器温度
输入数值	数字闪亮	所设数值

（续）

模式	显示屏显示	说明
错误标记	S-E	传感器断线或内部电路失灵,电烙铁手柄没有完全插入或设定温度超出时也会产生传感器出错。关闭电源,插好手柄或校正温度即可

1. 温度值的设定

1）数值的输入：用 UP 或 DOWN 键设定数值（50~480℃）。

2）结束输入：闪烁三次，自动保存。

例：当前设定温度为 350℃，改变设定温度到 400℃，操作流程如图 6-6 所示。

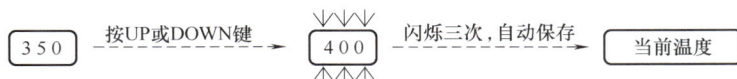

$$\boxed{3\ 5\ 0} \xrightarrow{\text{按UP或DOWN键}} \boxed{4\ 0\ 0} \xrightarrow{\text{闪烁三次,自动保存}} \boxed{\text{当前温度}}$$

图 6-6　温度值的设定

2. 补正值的设定

1）同时按下 UP 和 DOWN 键 1s：进入补正值输入模式，显示已存的补正值。

2）按 UP 或 DOWN 键：改变补正值，−60~60 循环显示。

3）保存补正值：等待闪烁三次，自动保存补正值，并显示当前温度。

例：如果设定温度是 400℃，而测试温度为 405℃，补正为 ±5（补正范围为 ±50），操作流程如图 6-7 所示。

$$\boxed{4\ 0\ 0} \xrightarrow{\text{同时按UP和DOWN键}} \boxed{0\ 0\ 0} \xrightarrow{\text{按DOWN键}} \boxed{0\ 0\ 5.} \xrightarrow{\text{闪烁三次}} \boxed{\text{当前温度}}$$

图 6-7　补正值的设定

3. 摄氏度/华氏度切换

先关机，然后按 UP 或 DOWN 键开机，即可在"℉"与"℃"间切换。

4. 休眠功能

同时按下 UP 和 DOWN 键开机，开启/关闭休眠功能。200℃ 以下休眠后直接不加热，200℃ 以上休眠后保持 200℃，休眠时间为 20min，晃动手柄即可唤醒。

（三）电烙铁的外形及连接

电烙铁包括航空插头、烙铁手柄、烙铁头等几部分，其外形及连接示意图如图 6-8 所示。

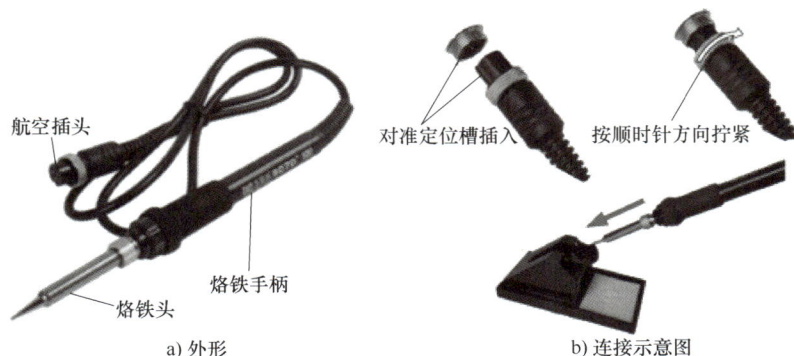

a) 外形　　　　　　　　　　b) 连接示意图

图 6-8　电烙铁的外形及连接示意图

电烙铁的连接方法如下：

1）将烙铁手柄连接到主机插座上，对准定位槽插入，按顺时针方向拧紧。

2）将电烙铁置放在烙铁架上。

3）将电源线连接到控制台后面的插座，插头插入电源插座（切记要接地），并打开电源开关。

注意：进行连接和拆解电烙铁时，切记要关掉电源开关，以免损坏电路板。

（四）烙铁头的形状及选用

1. 普通的烙铁头

普通的烙铁头由纯铜制成，烙铁头的形状有多种，可以根据不同焊接对象加以选择，也可以根据自己的喜好用锉刀加工成其他形状，以便使用。烙铁头的形状及使用范围见表6-2。

表 6-2   烙铁头的形状及使用范围

形状	名称	使用范围
	尖头	无方向性，整个烙铁头前端均可进行焊接，使用范围广，无论焊点大小均可使用
	刀头	用于修正锡桥、连接器等焊接
	一字形	适合需要多锡量的焊接，焊接面积大，粗端子，焊点大
	马蹄形	适合需要多锡量的焊接，焊接面积大，粗端子，焊点大

2. 新电烙铁使用前的处理

一把新电烙铁不能拿来马上使用，必须对烙铁头进行处理，即使用前必须镀锡。具体方法是：先把烙铁头按需要锉成一定的形状，然后接上电源，当烙铁头温度升至能熔化焊锡时，将松香涂在烙铁头上，等松香冒烟后，再涂上一层焊锡，反复进行2～3次，使烙铁头的刃面全部挂上一层锡即可。

3. 烙铁头的更换方法

烙铁手柄内部结构如图6-9所示，根据焊接对象不同，可选择合适的烙铁头，其更换步骤如下：

1）向逆时针方向旋开螺母1，取出护套2和烙铁头3。

2）更换烙铁头。

3）装上烙铁头护套。

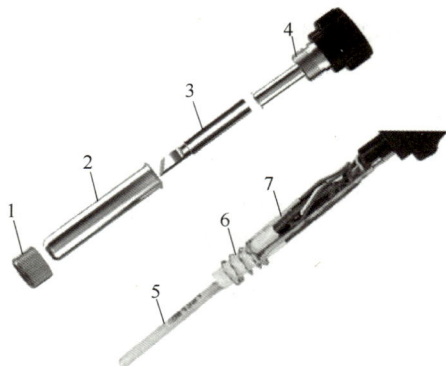

图 6-9   烙铁手柄内部结构

1—螺母   2—护套   3—烙铁头   4—套头
5—发热元件   6—接地弹簧   7—电路板

4）向顺时针方向旋紧螺母。

4. 发热元件更换方法

烙铁手柄发热元件和传感器位置及接口引脚排列如图6-10所示，正常情况下，发热元件阻值（红色引线，万用表测航空插头1、2脚之间的阻值）为$2.3\sim3.5\Omega$。传感器阻值（蓝色引线，万用表测航空插头4、5脚之间的阻值）为$43\sim58\Omega$。如果阻值反常，则需更换发热元件，结合图6-10，其更换步骤如下：

1）向逆时针方向旋开螺母1，取出护套2和烙铁头3。

2）向逆时针方向旋套头4，从电烙铁中拉出套头。

3）从手柄中取出发热元件5和电路板7及手柄线（向着烙铁头方向拉出）。

4）从D形套中拉出接地弹簧6。

5）更换发热元件。

6）安装顺序相反。

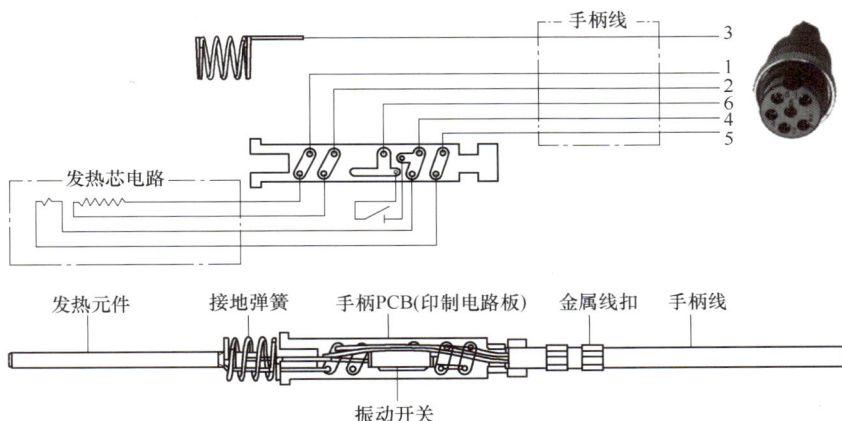

图6-10　烙铁手柄发热元件和传感器位置及接口引脚排列

5. 更换发热元件后的注意事项

1）测量4脚和1脚或2脚之间，5脚和1脚或2脚之间的阻值。如果不是∞，则是发热元件和传感器有接触，会导致焊台不能正常工作。

2）测量3脚与烙铁头之间的阻值，应小于2Ω，如果大于2Ω，则要用砂纸或钢丝球轻轻擦除接地弹簧连接处的氧化层。

（五）烙铁架

烙铁架包括烙铁架基座、电烙铁插座及清洁海绵，其外形如图6-11所示。

注意：清洁海绵是可挤压物体，湿水则膨胀，用于清洁烙铁头，使用海绵时，先湿水再挤干。

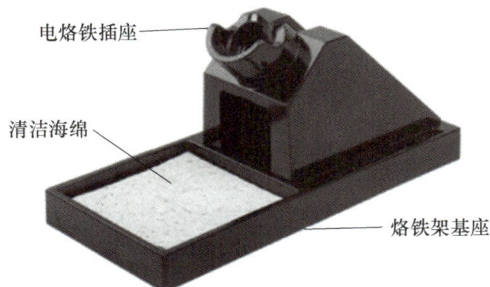

图6-11　烙铁架外形

（六）焊台的使用方法

1）接通电源，调节温度旋钮，当温度没有达到预定值时，数字一直跳动，静候一段时间，待温度达到预定值，开始焊接。

2）在焊接过程中，焊台的温度可以调节，当焊锡很难熔化时，适当调高温度，以300~400℃为宜。

3）适当使用焊剂可以提高焊接质量与效率，遇到很难焊接的线路时，可以适当使用焊剂。

4）焊接过程中，先将烙铁头上层锡，再加热焊接点，再给焊锡。

5）烙铁头有杂物时应及时清理，长时间连续使用时，应每周拆开一次烙铁头，清除氧化物，防止烙铁头受损而降低温度。

6）焊接完成后，给烙铁头上层锡，起保护作用。

（七）电烙铁使用注意事项

1）使用之前应检查电源电压与电烙铁的额定电压是否相符，一般为220V，检查电源和接地线是否相符，不要接错。

2）电烙铁不能在易爆场所或腐蚀性气体中使用。

3）电烙铁在使用时一般用松香作焊剂，在焊接金属铁等物质时，可用焊锡膏焊接。

4）如果焊接过程中发现烙铁头氧化不易粘锡时，可将烙铁头用锉刀去除氧化层，切勿浸入酸液中，以免腐蚀烙铁头。

5）焊接电子元器件时，最好选用低温焊丝；焊接场效应晶体管时，应将电烙铁电源插头拔下，利用余热焊接，以免损坏管子。

6）使用外热式电烙铁时还要经常将烙铁头取下，去除氧化层，避免造成铜头烧死。

7）电烙铁通电后不能敲击，避免缩短使用寿命。

8）电烙铁使用完毕，应拔下插头，待冷却后置于干燥处，以免受潮漏电。

【任务实施】

一、工具器材

外热式电烙铁、内热式电烙铁、恒温电烙铁和焊台。

二、实验简介

1）对常见的外热式电烙铁、内热式电烙铁进行拆装。
2）能对新烙铁头进行用前处理。
3）能正确使用焊台。

【学习评价】

序号	考核内容	配分	评分要素	自评	互评	师评
1	小组准备	10分	小组分工明确,能够对任务内容及实施步骤进行精心准备			
2	操作技能	30分	能熟练运用所学技能完成实践任务			
3	成果展示与任务报告	20分	成果展示内容充实、语言规范,实践活动报告结构完整、观点正确			
4	学习态度与课堂纪律	15分	学习积极主动、态度认真,遵守教学秩序			

（续）

序号	考核内容	配分	评分要素	自评	互评	师评
5	自主学习与动手能力	10 分	具有探究精神、自学意识和较强的动手能力，善于发现问题			
6	团队配合	15 分	团队意识强，小组成员配合默契，问题解决及时			
7	总分统计	100 分				
8	综合评价					

任务二 印制电路板的焊接

【任务描述】

印制电路板的焊接是电工技能中的一项基本技能，电工在检修仪器仪表、维修设备时，可能会对印制电路板的电路进行检查，这就涉及印制电路板的焊接知识与技能。那么，印制电路板的焊接是怎么操作的？焊接质量标准是怎样的？

【知识链接】

印制电路板的焊接涉及焊料、焊接的方法和常用于焊接的元器件（如电阻器、二极管、电容器、电位器等），针对不同的元器件和印制电路板焊接位置，又需要对元器件引脚进行手工整形，并选择不同的安装方式。

一、认识焊料和焊接辅助工具及其使用

（一）焊锡丝

焊锡丝由焊锡合金和焊剂两部分组成。常见的焊锡合金主要成分为锡、铅，焊剂主要是松香，将松香均匀灌注到焊锡合金中间部位，所以又称为松香焊锡丝，如图 6-12 所示。焊剂的作用是提高焊锡丝在焊接过程中的辅热传导，去除氧化层，降低被焊接材质表面张力，去除被焊接材质表面油污，增大焊接面积。

焊锡丝根据含锡量可分为有铅焊锡丝和无铅焊锡丝，有铅焊锡丝又以含锡45%和63%居多，无铅焊锡丝含锡达99%以上。

按照焊锡丝的线径可分为 0.2mm、0.3mm、0.4mm、0.5mm、0.6mm、0.8mm、1.0mm 和 1.2mm 等规格，根据焊接对象的不同，选择合适的线径，常用的是 0.5mm 和 0.8mm 的焊锡丝。

（二）吸锡器和吸锡带

拆卸零件时需要使用吸锡器，尤其是大规模集成电路，拆卸难度很大，拆不好容易破坏印制电路板，造成不必要的损失。简单的吸锡器是手动式的，如图 6-13 所示，它的头部由于常常接触高温，因此通常都采用耐高温塑料制成。使用吸锡器拆卸零件具体操作步骤见表 6-3。

图 6-12　松香焊锡丝

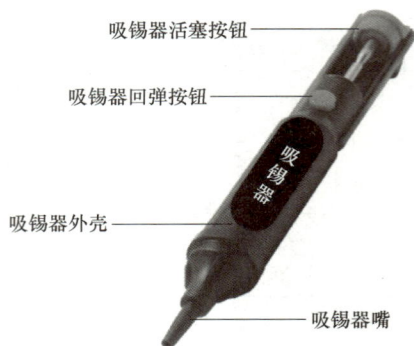

吸锡器活塞按钮

吸锡器回弹按钮

吸锡器外壳

吸锡器嘴

图 6-13　手动式吸锡器

表 6-3　吸锡器拆卸零件具体操作步骤

操作步骤	操作示范	操作说明
准备		把吸锡器活塞向下压至卡住
加热		用电烙铁加热焊点至焊料熔化
吸锡		移开电烙铁的同时,迅速把吸锡器嘴贴上焊点,并按动吸锡器回弹按钮
重复		一次吸不干净,可重复操作多次

特别提示:

1) 要确保吸锡器活塞密封良好。使用前,用手指堵住吸锡器头的小孔,按下按钮,若活塞不易弹出,说明密封良好。

2）吸锡器头的孔径有不同尺寸，要选择合适规格的使用。

3）吸锡器头用旧后，要适时更换。

4）接触焊点以前，每次都蘸一点松香，以改善焊锡的流动性。

在除锡工具中，吸锡器可以用于一般的直插件，吸锡带可以用于比较大的贴片元件，以除去电路板上多余的焊锡。

在焊接密集多引脚元件时，很容易导致芯片相邻的两引脚甚至多引脚被焊锡短路。此时，传统的吸锡器是不管用的，这时候就需要使用吸锡带。吸锡带的使用方法如图 6-14 所示，把电烙铁放在吸锡带上然后在焊盘上缓缓移动，等焊锡熔化后就会被吸锡带吸起，可吸尽多余的焊锡。

图 6-14　吸锡带

二、元器件的装配、焊接工艺

（一）元器件的整形与安装

1. 元器件的检查

（1）目视检查　目视检查主要看元器件外观是否完整，有无断裂，涂层有无脱落，引脚有无氧化，标识是否清晰，表面是否干净等。

（2）仪表检测　仪表检测主要借助万用表检测有无短路、断路，阻值是否正常等。

2. 元器件的引脚整形

贴片元器件不存在整形，只有直插式元器件才整形，整形方法可分为手工整形和模具整形。这里只介绍手工整形的方法，常见元器件手工整形示意图如图 6-15 所示。

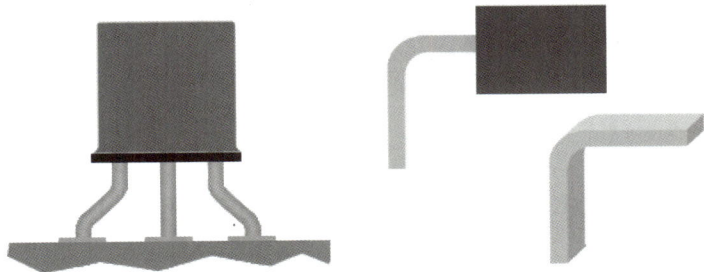

图 6-15　元器件手工整形示意图

元器件整形的基本要求如下：

1）元器件引脚均不得从根部弯曲，一般应保留 1.5mm 以上的距离。

2）手工组装的元器件可以弯成直角，圆弧半径应大于引脚直径的 1~2 倍。

3）引脚成形后，引脚直径的减小或变形不可以超过原来的 10%。

4）引脚成形后，元器件本身不能受伤，不可以出现模印、压痕和裂纹。

5）要尽量将有字符面的元器件置于容易观察的位置。

手工整形的方法如下：

元器件→去氧化层→测量焊孔距→成形（可以借助镊子、尖嘴钳、小螺丝刀等工具对引脚整形）。

3. 元器件的安装

（1）安装方式

1）悬空安装：引脚长，有利于散热，但插装难度大。

2）倒装：整形难度高，对散热有利。

3）贴板安装：引脚容易处理，插装简单，不利于散热。

（2）安装工艺要求

1）安装时，尽量不要用手直接触碰元器件引脚和印制电路板上的焊盘。

2）元器件在印制电路板上安装的顺序是先低后高、先小后大、先轻后重、先易后难、先一般元器件后特殊元器件且上道工序安装后不能影响下道工序的安装。

3）元器件安装后，其标志应向着易于识读的方向，并尽量按从左到右、从近到远的顺序；立式安装时，色环电阻器的第一环在最下端。

4）元器件的安装高度应符合规定的要求，同一规格的元器件应尽量安装在同一高度上。

5）有极性的元器件的极性应严格按照图样上的要求安装，不能装错。

6）元器件在印制电路板上的安装应排列整齐美观，不允许斜排、立体交叉和重叠排列；不允许一边高，一边低；不允许引脚一边长，一边短。

常见元器件安装工艺要求见表 6-4。

表 6-4　常见元器件安装工艺要求

元器件种类	安装示意图		安装工艺要求
电阻器	 a) 卧式安装	 b) 立式安装	卧式电阻器平贴 PCB（印制电路板）安装焊接；立式电阻器离 PCB 约 1.5mm 安装焊接
二极管	 a) 直插式二极管	 b) 发光二极管	普通二极管平贴 PCB 安装，发光二极管立式安装至引脚限位处；注意二极管极性正确

（续）

元器件种类	安装示意图	安装工艺要求
陶瓷电容器	直插式陶瓷电容器	陶瓷电容器离 PCB1.5mm 安装焊接,要预先成形
电解电容器	a) 直插式电解电容器　　b) 贴片电解电容器	直插式电解电容器平贴 PCB 安装焊接;贴片电解电容器平贴 PCB 安装焊接;注意极性正确
晶体管	直插式晶体管	直插式晶体管离印制电路板 1.5mm 安装至引脚限位处;注意极性正确
三端稳压器	a) 直插式安装　　b) 贴板式安装	根据电路板要求进行直插式安装或贴板式安装,有散热片和稳固螺钉、螺母的也要安装上;注意极性正确
电位器		平贴 PCB 安装焊接

（续）

元器件种类	安装示意图	安装工艺要求
带开关的电位器		平贴 PCB 安装焊接,旋钮朝外
开关(按钮)	 a) 带自锁按钮　　b) 轻触按钮 c) 拨动开关	平贴 PCB 安装焊接;注意方向
集成电路	 a) 直插式集成电路　　b) 贴片集成电路	平贴 PCB 安装焊接;注意引脚排列顺序
晶体振荡器		平贴 PCB 安装焊接
插针、短路飞线		平贴 PCB 安装焊接

（续）

元器件种类	安装示意图	安装工艺要求
接线端子	 	平贴 PCB 安装焊接；接线端子接口朝外
驻极体传声器	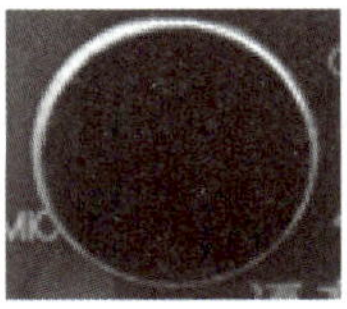 	平贴 PCB 安装焊接；注意极性正确
蜂鸣器		平贴 PCB 安装焊接；注意极性正确
数码管	 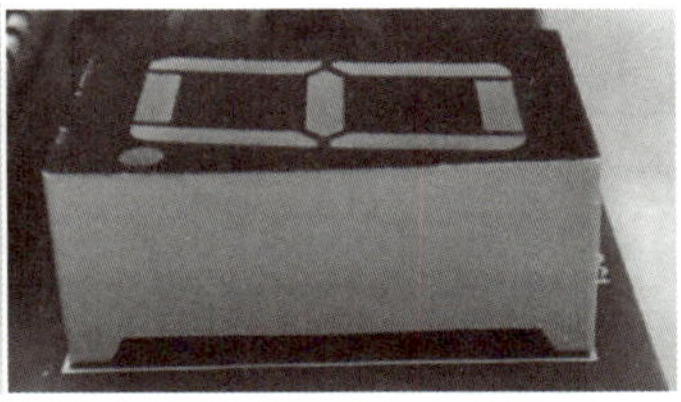	平贴 PCB 安装焊接；注意方向正确

（二）插式元器件的焊接与拆卸

1. 手工焊接

手工焊接步骤见表 6-5。

表 6-5 手工焊接步骤

操作步骤	操作示范	操作说明
第一步：准备	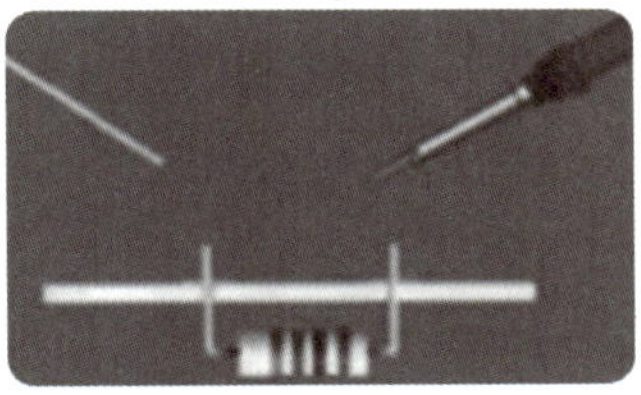	一手拿焊锡丝，另一手握电烙铁，看准焊点，随时待焊

（续）

操作步骤	操作示范	操作说明
第二步：加热		电烙铁尖先送到焊接处，注意电烙铁尖应同时接触焊盘和元器件引线，把热量传送到焊接对象上
第三步：送锡		焊盘和引脚被熔化了的焊剂所浸润，除掉表面的氧化层，焊料在焊盘和引脚连接处呈锥状，形成无缺陷焊点
第四步：去锡		当焊锡丝熔化一定量之后，迅速移开焊锡丝
第五步：完成		当焊料完全浸润焊点后迅速移开电烙铁

2. 焊点基本要求

1）焊点要有足够的机械强度，保证被焊件在受振动或冲击时不易脱落、松动。不能将过多焊料堆积在一起，这样容易造成虚焊、焊点与焊点的短路。

2）焊接可靠，具有良好导电性，必须防止虚焊。虚焊是指焊料与被焊件表面没有形成合金结构，只是简单地依附在被焊件金属表面上。

3）焊点表面要光滑、清洁，焊点表面应有良好光泽，不应有毛刺、空隙、污垢，尤其是焊剂的有害物质残留，要选择合适的焊料与焊剂。

常见焊点分类、示意图及原因见表6-6。

表 6-6 常见焊点分类、示意图及原因

焊点分类	现象	焊点示意图	原因
合格焊点	呈富士山状		焊锡量和焊接时间适宜
瑕疵焊点	虚焊		元器件引脚、印制电路板未清洁好、未镀好锡或锡氧化
	锡量过多		焊锡丝撤离过迟
	锡量过少		焊锡丝撤离过早
	包焊		元器件引脚、印制电路板未清洁好、焊剂浸润不到位
	半焊		焊料未到位
	拉尖		焊剂过少且加热时间过长;电烙铁撤离角度不当

（续）

焊点分类	现象	焊点示意图	原因
瑕疵焊点	桥接	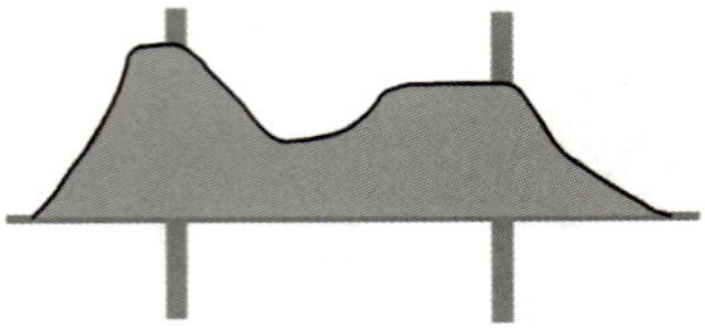	焊锡过多;电烙铁撤离角度不当
	焊盘剥离	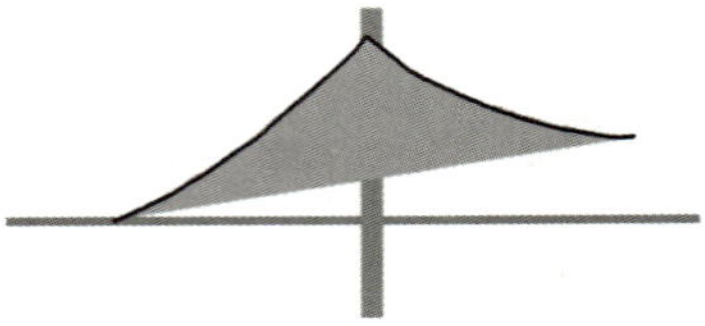	焊接时间过长,温度过高
	针眼焊	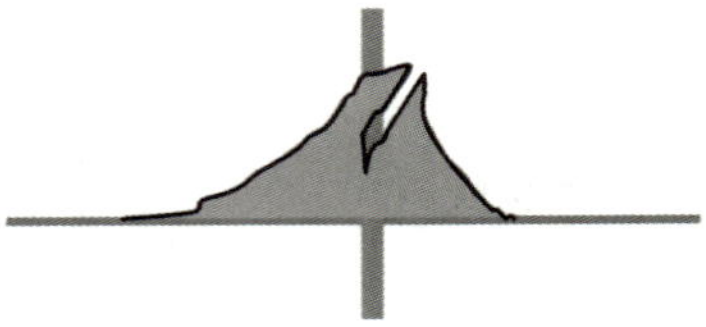	焊料未凝固前焊料抖动
	冷焊	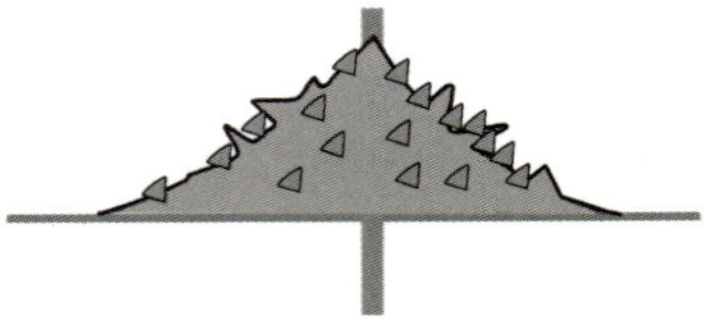	焊接温度过低,加热时间过短

3. 拆焊

（1）电烙铁直接拆卸元器件　对元器件引脚比较少或者引脚之间距离比较近的，如电阻器、电容器、二极管、晶体管等只有 2~3 个引脚的元器件，可用电烙铁直接同时加热元器件的所有引脚，待焊锡熔化后，用镊子将元器件取下。

（2）使用手动吸锡器拆除元器件　对元器件引脚比较多或者引脚之间距离比较远的，如集成电路、继电器等，则需逐一将每一个引脚与 PCB 分离，用电烙铁加热引脚焊锡，用吸锡器吸取焊锡，待所有引脚与 PCB 分离后，取下元器件。

【任务实施】

一、工具器材

印制电路板、元器件若干、焊锡和电烙铁。

二、实验简介

1）完成元器件的焊接练习（电阻器的卧式安装和立式安装、二极管、晶体管、电容器、电位器等元器件的焊接任务）。

2）利用工具对元器件进行拆焊练习。

【学习评价】

序号	考核内容	配分	评分要素	自评	互评	师评
1	小组准备	10 分	小组分工明确,能够对任务内容及实施步骤进行精心准备			
2	操作技能	30 分	能熟练运用所学技能完成实践任务			
3	成果展示与任务报告	20 分	成果展示内容充实、语言规范,实践活动报告结构完整、观点正确			
4	学习态度与课堂纪律	15 分	学习积极主动、态度认真,遵守教学秩序			
5	自主学习与动手能力	10 分	具有探究精神、自学意识和较强的动手能力,善于发现问题			
6	团队配合	15 分	团队意识强,小组成员配合默契,问题解决及时			
7	总分统计	100 分				
8	综合评价					

【知识拓展】

贴片元器件的焊接与拆焊

一、点焊

点焊一般用于引脚数量较少、引脚之间距离较远的的贴片元件,如电阻器、电容器、二极管、晶体管等只有 2~3 个引脚的元器件。其操作步骤见表 6-7。

表 6-7 点焊操作步骤

操作步骤	操作示范	操作说明
焊盘镀锡		用电烙铁给靠边的一个焊盘镀锡,锡量不宜过多
放置、固定元器件		电烙铁对镀锡焊盘熔化,将元器件放置到位,确保所有元器件引脚对齐焊盘,然后移开电烙铁

（续）

操作步骤	操作示范	操作说明
焊接剩下的引脚	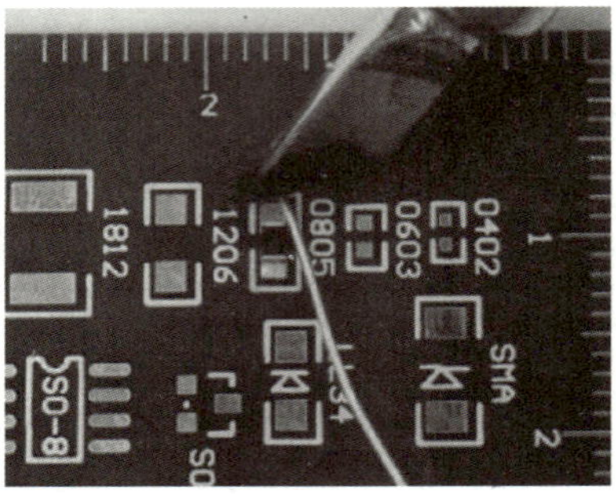	此时元器件已经固定，依次完成剩下所有引脚的焊接

二、拖焊

拖焊一般用于引脚数量较多、引脚之间距离较近的贴片元件，如贴片集成电路元器件。其操作步骤见表6-8。

表6-8　拖焊操作步骤

操作步骤	操作示范	操作说明
焊盘镀锡	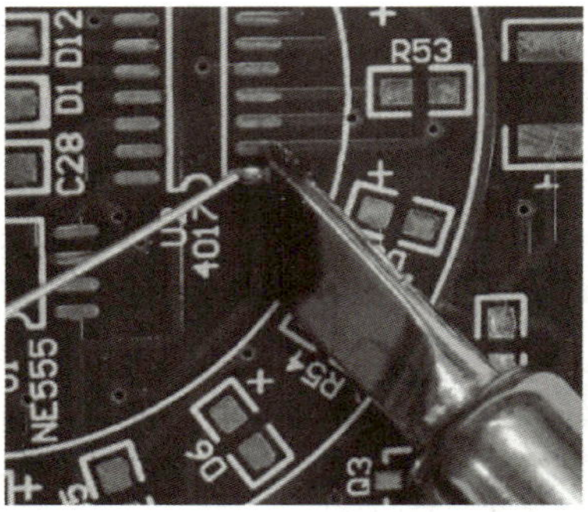	用电烙铁给靠边的一个焊盘镀锡，锡量不宜过多
放置元器件	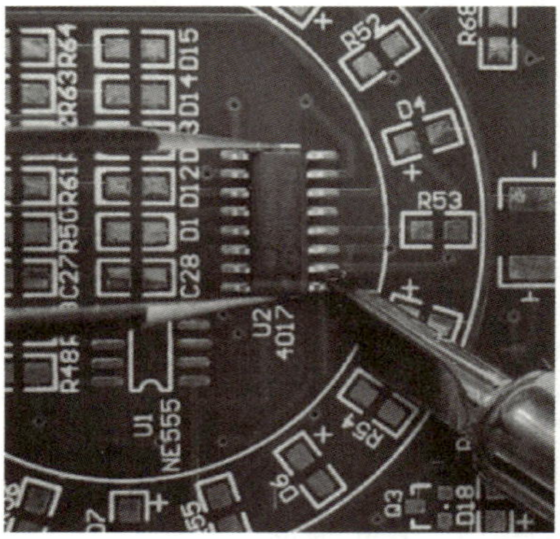	电烙铁对镀锡焊盘熔化，将元器件放置到位，然后移开电烙铁

（续）

操作步骤	操作示范	操作说明
固定元器件		确保所有元器件引脚对齐焊盘,在镀锡焊盘的对脚焊接一个引脚
拖焊引脚		用电烙铁从左至右开始进行拖焊,将所有引脚焊接完毕,如果在拖焊过程中有引脚没有分开,那就继续使用松香拖焊,直到所有引脚分开

三、贴片元器件的拆焊

1. 电烙铁直接拆卸元器件

对元器件引脚比较少、引脚之间距离比较近的,如电阻器、电容器、二极管、晶体管等只有 2~3 个引脚的元器件,包括引脚数量比较少的集成电路,可用电烙铁直接同时加热元器件的所有引脚,可适当添加松香,待焊锡熔化后,用镊子将元器件取下。

2. 使用热风枪拆除元器件

对元器件引脚比较多的,如大规模集成电路,若要拆除则需借助热风枪,均匀地往返对元器件焊盘位置垂直吹热风,同时用镊子靠着集成电路的边缘,待所有引脚熔化后,取下元器件。

【项目小结】

本项目主要学习了:

1. 常见焊接工具。
2. 焊台的使用方法。
3. 拆焊方法。
4. 贴片元器件的焊接方法。

【巩固练习】

1. 常见电阻器卧式安装和立式安装的焊接。
2. 常见二极管、晶体管、电容器、电位器等元器件的焊接。
3. 利用工具对常见元器件进行拆焊练习。
4. 对常见贴片元器件进行焊接练习。
5. 利用工具对常见贴片元器件进行拆焊练习。

项目七　照明电路的设计与安装

在生产生活中，照明电路是最常见的电路。照明电路中器材的选择和电路的设计、安装是电工的必备技能。

本项目主要通过三个任务的实施来学习照明电路的设计与安装，单一开关控制（简称单控）、两地控制（简称双控）和三地控制（简称三控）电路的设计与安装。

【学习目标】

知识目标	1. 了解照明电路器材的主要类型及选择。
	2. 掌握单控、双控和三控照明电路的工作过程。
	3. 能独立绘制单控、双控和三控照明电路的原理图。
能力目标	1. 能进行单控、双控和三控照明电路的安装。
	2. 会进行单控、双控和三控照明电路的调试。
素养目标	1. 提升学生的安全意识和操作技能。
	2. 提升学生的团队合作与沟通能力。
	3. 培养学生的环保意识与节约精神。
	4. 培养学生的职业道德与敬业精神。
	5. 培养学生故障排查与解决问题的能力。

任务一　照明电路器材的认识

【任务描述】

照明电路中都要使用断路器、普通开关、插座、导线等器材。这些器材有哪些类型？如何使用？

【知识链接】

电路器材的种类繁多，我们这里只介绍照明电路中常用的几种器材。

一、开关

在照明电路中，经常使用的开关有断路器和普通开关，它们是照明电路控制的核心器件。

1. 断路器

断路器的种类很多，照明电路中通常使用的有 2 位断路器、1 位断路器、带漏电保护的断路器等。通常 2 位断路器称为 2P 断路器，1 位断路器称为 1P 断路器，2 位带漏电保护的断路器称为 2P+N 断路器，1 位带漏电保护的断路器称为 1P+N 断路器等。1P+N 断路器各部分说明如图 7-1 所示。

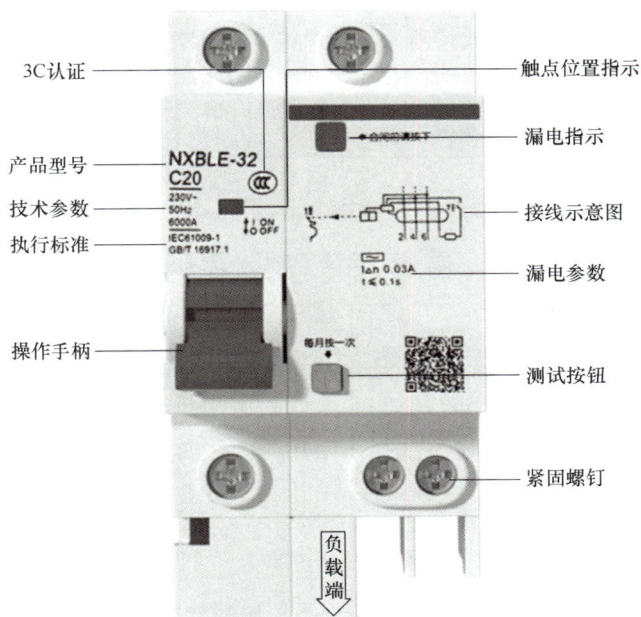

图 7-1　1P+N 断路器各部分说明

断路器的接线必须是上进下出，红色为相线，蓝色为零线。几种断路器的接线方式如图 7-2 所示。

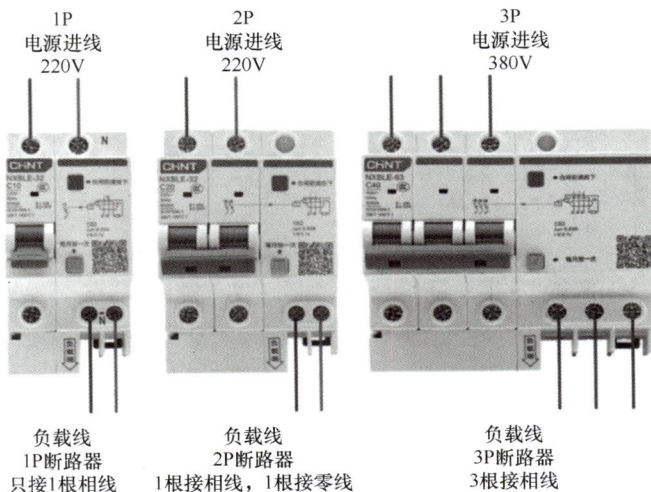

图 7-2　几种断路器的接线方式

2. 普通开关

普通开关按照掀板的数量分为一位开关、二位开关、三位开关和四位开关；按照用途分为单控开关、双控开关和多控开关；按照外形尺寸分为 86 型（尺寸为 86mm×86mm）和 118 型（尺寸为 86mm×118mm，见图 7-3）。现在家庭装修多为 86 型开关，如图 7-4 所示。

图 7-3　三位 118 型开关

图 7-4　86 型开关

86 型双控开关的背面如图 7-5 所示，使用时 L 接相线的进线端或者负载端，L1、L2 做控制端子使用。

图 7-5　86 型双控开关的背面

二、插座

插座按照外形尺寸分为 86 型（尺寸为 86mm×86mm）和 118 型（尺寸为 86mm×118mm，

见图 7-6）；按照用途分为普通插座和空调插座。现在家庭装修普遍使用 86 型插座，86 型插座有三孔插座和五孔插座的区别，如图 7-7 和图 7-8 所示。此外，还有带开关的插座，如图 7-9 所示。随着科技的发展，现在市场上还出现了带 USB 充电口的插座，如图 7-10 所示，预想不久还会出现带 Type-C 等用途更加广泛的插座。

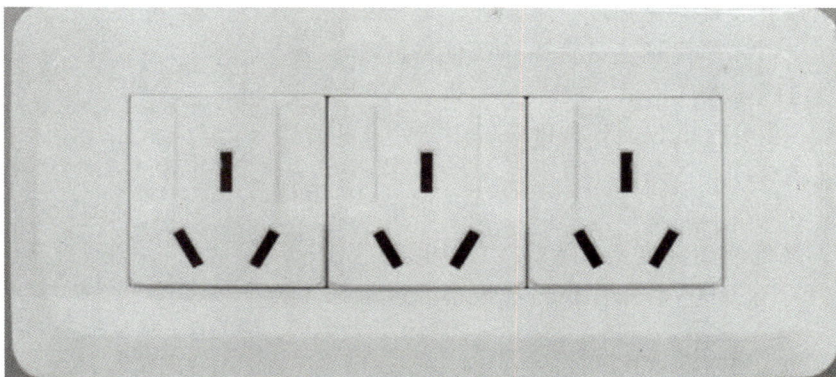

图 7-6　118 型插座

图 7-7　三孔插座

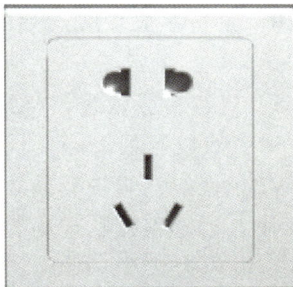

图 7-8　五孔插座

图 7-9　带开关的插座

图 7-10　带 USB 充电口的插座

86 型插座的背面如图 7-11 所示，使用时 L 接相线、N 接零线、⏚接地线。

三、导线

1. 导线的类型

照明电路中常用的导线按照材料分有铜导线和铝导线。铜导线的电阻率比铝导线低且具有较好的导热性和导电性，能耗也比较低，同时铜导线的稳定性也比较好；铝导线在大气中很容易被氧化，但是铝导线成本低、轻便，比铜导线轻 40%，建造和运输费用都较低。选用家用电线时，应根据载流量、机械强度、抗老化强度、电损耗、电压降等因素进行选择。铜导线在载流量、机械强度、抗老化强度、电损耗、电压降等性能上均比铝导线优越。尽管铝导线价格低廉，但是家用电线多数选用铜导线。

图 7-11　86 型插座的背面

导线按照芯型分有单芯、双芯和多芯。

常见的导线有：

1）RV：聚氯乙烯绝缘单芯软线，最高使用温度为 65℃，最低使用温度为 -15℃，工作电压为交流 250V 和直流 500V，用作仪器和设备的内部接线。

2）RVV：多股软线，就是芯线由多股铜丝组成，RVV 线是弱电系统最常用的线缆，其芯线根数不定，有单根的，也有多根的，外面也有护套，而芯线之间的排列没有特别要求。

3）RVB：平行多股软线（扁的），就像家里经常用的电话线裸线，其芯线和 RVV 芯线一致。

4）RVS：对绞多股软线，就是将 RVB 的软芯撕开，对绞即可，通常是两根对绞。

5）RVSP：双绞屏蔽线。

6）RVVB：聚氯乙烯护套软线（扁形），其标准为 GB/T 5023.5—2008。

7）RVVP：铜芯聚氯乙烯绝缘屏蔽聚氯乙烯护套屏蔽软电缆，又叫作电气连接抗干扰软电缆，额定电压为 250V/450V。

8）BVR 和 BVVR：BVVR 是铜芯聚氯乙烯绝缘聚氯乙烯护套软电线，有外护套；BVR 是铜芯聚氯乙烯绝缘软电线，只有绝缘层，无外护套。通常说的双塑线是指 BVV 系列，第一个 V 是指聚氯乙烯绝缘，第二个 V 是指聚氯乙烯护套。如果是 BV 系列则是指单塑线。

2. 导线的载流量

根据国家标准 GB/T 4706.1—2005 规定：$1mm^2$ 铜芯线允许长期负载电流为 6～8A，$1.5mm^2$ 铜芯线允许长期负载电流为 8～15A，$2.5mm^2$ 铜芯线允许长期负载电流为 16～25A，$4mm^2$ 铜芯线允许长期负载电流为 25～32A，$6mm^2$ 铜芯线允许长期负载电流为 32～40A。

3. 导线的选用原则

导线的选用原则如下：

1）绝缘耐压应高于线路电压峰值。

2）负载电流应大于最高工作温度下的允许值。

3）机械强度应能承受运行中的张力、压力、剪切力和扭转力等。

四、灯具

随着社会经济和科学技术的发展，现代灯具的种类多种多样，需按照灯具的说明书进行接线。一般灯具只需把电源的相线和零线接入即可。

序号	考核内容	配分	评分要素	自评	互评	师评
1	小组准备	10 分	小组分工明确,能够对任务内容及实施步骤进行精心准备			
2	操作技能	30 分	能熟练运用所学技能完成开关、插座等电路器材的识别任务			
3	成果展示与任务报告	20 分	成果展示内容充实、语言规范,实践活动报告结构完整、观点正确			
4	学习态度与课堂纪律	15 分	学习积极主动、态度认真,遵守教学秩序			
5	自主学习与动手能力	10 分	具有探究精神、自学意识和较强的动手能力,善于发现问题			
6	团队配合	15 分	团队意识强,小组成员配合默契,问题解决及时			
7	总分统计	100 分				
8	综合评价					

任务二　单控和双控照明电路的安装与调试

【任务描述】

单控照明电路是用一个开关控制一盏灯亮灭的电路。双控照明电路是用两个开关在不同地点来控制同一盏灯亮灭的电路,使用这种控制方式能够便捷地实现在两个不同的地点对同一盏灯亮灭的控制,也称为异地控制或两地控制。

【知识链接】

单控照明电路原理图如图 7-12 所示,断开或者闭合 S 能够控制灯泡 EL 的亮灭。

双控照明电路原理图和接线图如图 7-13 所示,图中 S1、S2 是双控开关。在两地,不管闭合开关 S1 还是 S2 都能够控制灯泡 EL 的亮灭。

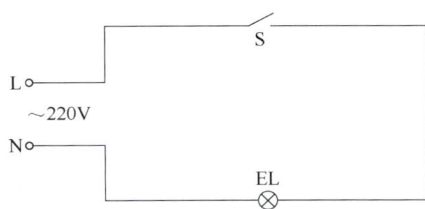

图 7-12　单控照明电路原理图

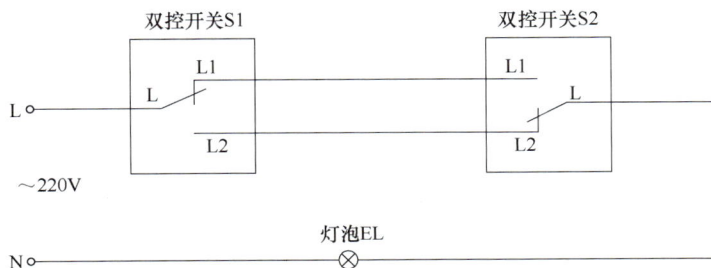

图 7-13　双控照明电路原理图

【任务实施】

一、工具器材

灯开关、1P+N 断路器、灯座、节能灯明装底盒、导线若干、金属导轨、网孔板、螺丝刀、剥线钳、尖嘴钳、验电器、节能灯等。

二、单控照明电路的安装

1. 规划

先在网孔板上规划好断路器、开关和节能灯的安装位置，尽量做到器件横平竖直、间距均匀美观。规划位置图如图 7-14 所示。

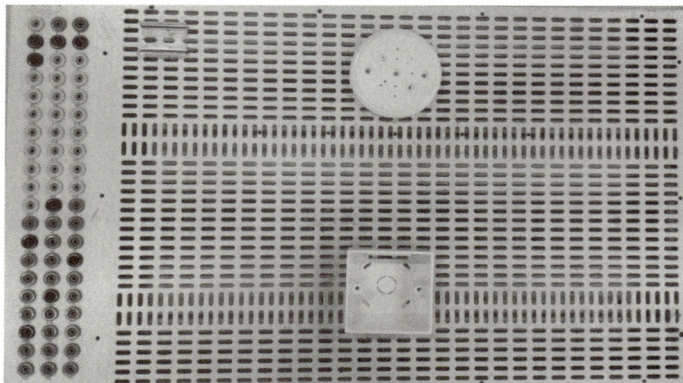

图 7-14　规划位置图

2. 布局

将金属导轨、明装底盒固定在网孔板相应的位置上；金属导轨用来安装断路器，明装底盒用来固定开关面板。器件固定后的位置如图 7-15 所示。

图 7-15　器件固定后的位置

3. 布线

先分析各类导线的数量，相线 2 根，零线 1 根；然后根据器件在网孔板上的位置和导线的走向确定导线的长度，截取导线，注意留取适当的余量；接下来制作导线的形状；再把制作好的导线固定在相应的器件之间，布线要求横平竖直、长线沉底、走线成束、不交叉，固定好的导线如图 7-16 所示；最后连接灯具和开关面板。注意螺口灯座的接法是：相线连接在中间电极的接线柱上，零线连接在螺口电极的接线柱上；单控开关的接法是：动触点和静触点分别连接断路器的相线出线端和灯座的中间电极。连接好的电路如图 7-17 所示。

图 7-16　固定好的导线

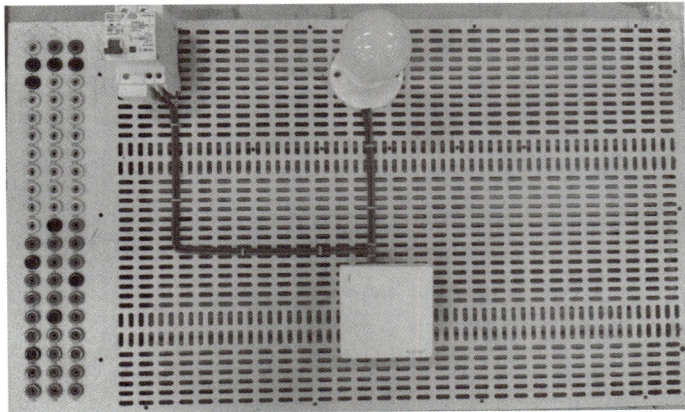

图 7-17　连接好的电路

4. 通电调试

接通电源，按照分级合闸的原则，先合上断路器，然后闭合开关，观察节能灯的发光情况；断电时，先断开关，然后断开断路器。

三、双控照明电路的安装

1. 规划

先在网孔板上规划好断路器、灯开关和节能灯的安装位置，尽量做到器件横平竖直、间距均匀美观。规划位置如图 7-18 所示。

图 7-18　规划位置

2. 布局

将金属导轨、明装底盒固定在网孔板相应的位置上；金属导轨用来安装断路器，明装底盒用来固定开关面板。器件固定后的位置如图 7-19 所示。

图 7-19　器件固定后的位置

3. 布线

先分析各类导线的数量，相线 4 根，零线 1 根；然后根据器件在网孔板上的位置和导线的走向确定导线的长度，截取导线，注意留取适当的余量；接下来制作导线的形状；再把制作好的寻线固定在相应的器件之间，布线要求横平竖直、长线沉底、走线成束、不交叉，固定好的导线如图 7-20 所示；最后连接灯具和开关面板。注意螺口灯座的接法是：相线连接在中间电极的接线柱上，零线连接在螺口电极的接线柱上；双控开关的接法是：动触点即标注为 L 的连接断路器的相线出线端或者灯座的中间电极，静触点即标注为 L1、L2 的电极互连。连接好的电路如图 7-21 所示。

4. 通电调试

接通电源，按照分级合闸的原则，先合上断路器，然后分别闭合双控开关，观察节能灯的发光情况；断电时，先断开双控开关，然后断开断路器。注意：两个开关有 4 种状态，双控照明电路开关状态与灯具状态关系见表 7-1。

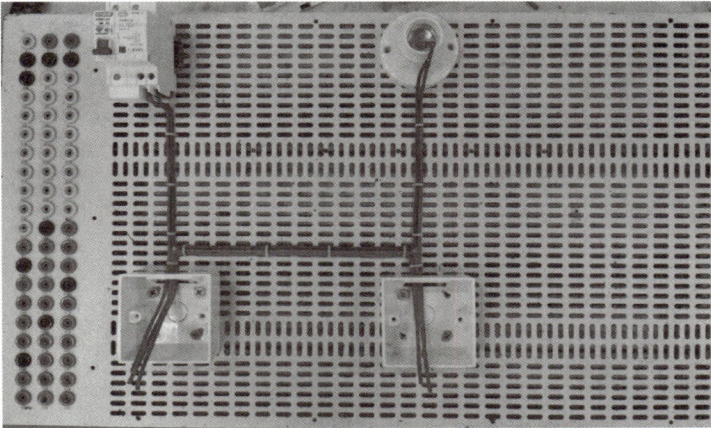

图 7-20 固定好的导线

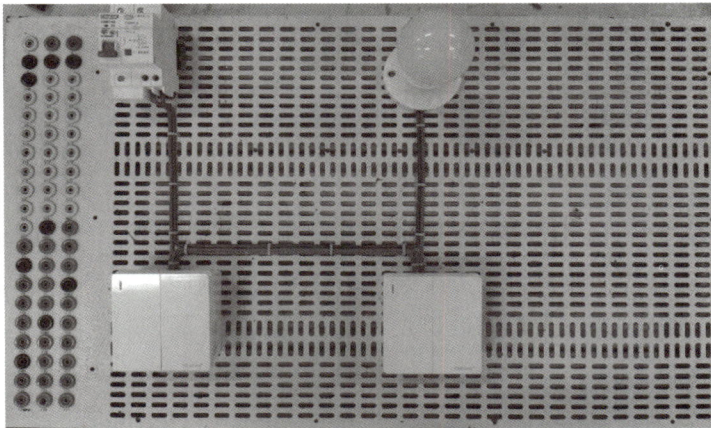

图 7-21 连接好的电路

表 7-1 双控照明电路开关状态与灯具状态关系

双控开关 S1 动触点的位置	双控开关 S2 动触点的位置	灯具的状态
L1	L1	亮
L1	L2	灭
L2	L1	灭
L2	L2	亮

【学习评价】

序号	考核内容	配分	评分要素	自评	互评	师评
1	小组准备	10 分	小组分工明确,能够对任务内容及实施步骤进行精心准备			

（续）

序号	考核内容	配分	评分要素	自评	互评	师评
2	操作技能	30分	能熟练运用所学技能完成单控照明、双控照明电路的规划、布局和布线工作,并调试成功			
3	成果展示与任务报告	20分	成果展示内容充实、语言规范,实践活动报告结构完整、观点正确			
4	学习态度与课堂纪律	15分	学习积极主动、态度认真,遵守教学秩序			
5	自主学习与动手能力	10分	具有探究精神、自学意识和较强的动手能力,善于发现问题			
6	团队配合	15分	团队意识强,小组成员配合默契,问题解决及时			
7	总分统计	100分				
8	综合评价					

任务三　三控照明电路的设计与安装

【任务描述】

三控照明电路是在三个不同的地点安装三个开关来控制同一盏灯亮灭的电路,使用这种控制方式能够便捷地实现在三个不同的地点对同一盏灯亮灭的控制。

【知识链接】

三控照明电路是在双控照明电路的基础上发展来的,其电路原理图如图 7-22 所示,图中 S1、S3 是双控开关,S2 是多控开关。也可以用图中的两位双控开关接成一个多控开关。在三个地点,不管闭合开关 S1、S2 还是 S3 都能够控制灯的亮灭。三控照明电路中的多控开关也可以用两位双控开关代替,其接线图如图 7-23 所示,使用时,两位双控开关的动触点作为多控开关的动触点,两位静触点互连后作为多控开关的静触点。

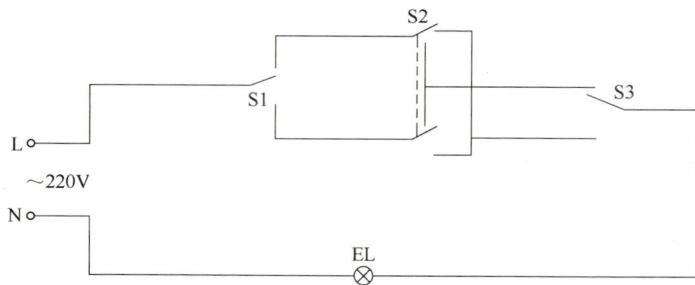

图 7-22　三控照明电路原理图

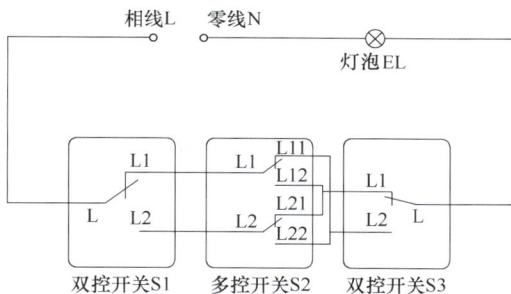

图 7-23　三控照明电路接线图

【任务实施】

一、工具器材

多控开关、双控开关、1P＋N 断路器、灯座、节能灯明装底盒、导线若干、金属导轨、网孔板、螺丝刀、剥线钳、尖嘴钳、验电器、节能灯等。

二、三控照明电路的安装

1. 规划

先在网孔板上规划好断路器、灯开关和节能灯的安装位置，尽量做到器件横平竖直、间距均匀美观，规划位置如图 7-24 所示。

图 7-24　规划位置

2. 布局

将金属导轨、明装底盒固定在网孔板相应的位置上；金属导轨用来安装断路器，明装底盒用来固定开关面板。器件固定后的位置如图 7-25 所示。

3. 布线

先分析各类导线的数量，相线 6 根，零线 1 根；然后根据器件在网孔板上的位置和导线的走向确定导线的长度，截取导线，注意留取适当的余量；接下来制作导线的形状；再把制作好的导线固定在相应的器件之间，布线要求横平竖直、长线沉底、走线成束、不交叉，固定好的导线如图 7-26 所示；最后连接灯具和开关面板。注意螺口灯座的接法是：相线连接

图 7-25　器件固定后的位置

在中间电极的接线柱上，零线连接在螺口电极的接线柱上；双控和多控开关的接法是：第一个双控开关的动触点连接断路器的相线出线端，两个静触点分别连接多控开关的进线端，多控开关的两个出线端分别连接第二个双控开关的两个静触点，第二个双控开关的动触点连接灯座的中间电极。连接好的电路如图 7-27 所示。

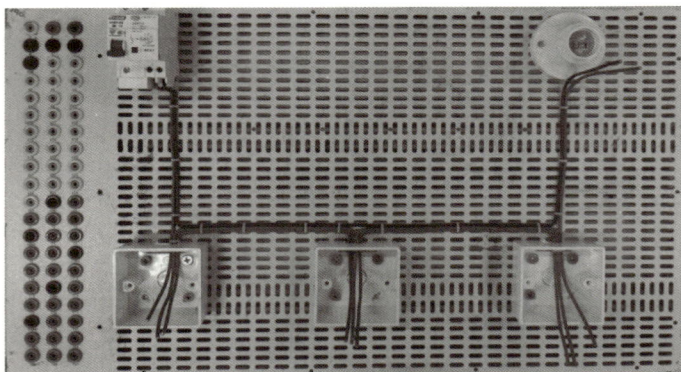

图 7-26　固定好的导线

图 7-27　连接好的电路

如果是用双联双控开关改造的多控开关，就要先把双联双控开关两个双控开关的静触点分别连接作为双联开关的进线端或者出线端，两个动触点作为相应的出线端或者进线端。注意：调试时两个开关应该同时动作才有效。两位双控开关改装成三控开关接线图如图 7-28 所示。

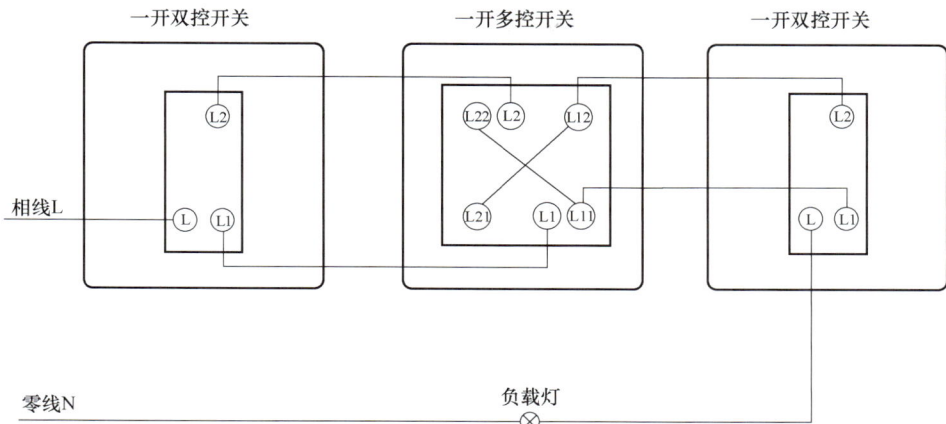

图 7-28　两位双控开关改装成三控开关接线图

三、通电调试

接通电源，按照分级合闸的原则，先合上断路器，然后分别闭合双控开关和多控开关，观察节能灯的发光情况；断电时，先断双控开关或多控开关，然后断开断路器。注意：三个开关有 8 种状态，多控照明电路开关状态与灯具状态关系见表 7-2。

表 7-2　多控照明电路开关状态与灯具状态关系

双控开关 S1 动触点的位置	多控开关 S2 动触点的位置	双控开关 S3 动触点的位置	灯具的状态
L1	L11	L1	亮
L1	L11	L2	灭
L1	L12	L1	灭
L1	L12	L2	亮
L2	L11	L1	亮
L2	L11	L2	灭
L2	L12	L1	灭
L2	L12	L2	亮

【学习评价】

序号	考核内容	配分	评分要素	自评	互评	师评
1	小组准备	10 分	小组分工明确，能够对任务内容及实施步骤进行精心准备			
2	操作技能	30 分	能熟练运用所学技能完成三控照明电路的规划、布局和布线工作，并调试成功			

（续）

序号	考核内容	配分	评分要素	自评	互评	师评
3	成果展示与任务报告	20分	成果展示内容充实、语言规范,实践活动报告结构完整、观点正确			
4	学习态度与课堂纪律	15分	学习积极主动、态度认真,遵守教学秩序			
5	自主学习与动手能力	10分	具有探究精神、自学意识和较强的动手能力,善于发现问题			
6	团队配合	15分	团队意识强,小组成员配合默契,问题解决及时			
7	总分统计	100分				
8	综合评价					

【知识拓展】

多地控制电路

多地控制电路是在双控、三控电路的基础上发展来的, 比三控电路更多的控制都是在三控电路的基础上加装相应的多控开关。图 7-29 是一个五地控制一盏灯的电路原理图。

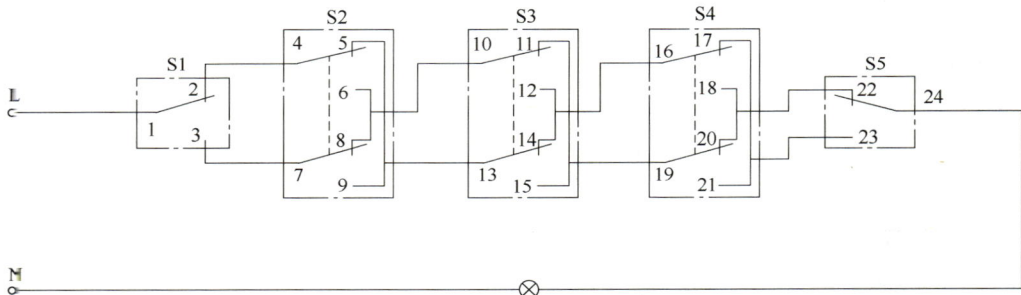

图 7-29 五地控制一盏灯的电路原理图

【项目小结】

本项目主要学习了:

1. 开关、插座及导线的基本知识。
2. 单控、双控和三控照明电路的安装与调试。

【巩固练习】

1. 一般家庭中通常使用哪些品牌的开关、插座? 都是哪种类型的?
2. 家庭照明电路中使用的导线都是哪种规格的? 哪种品牌的?
3. 简述导线的选用原则。
4. 自行设计并绘制一个四地控制一盏灯的电路原理图。
5. 简单设计一套住房的照明装修:断路器的选用,导线的选用,开关、插座的选用及位置,灯具的位置及控制方式,画出略图。

项目八　低压电器和三相异步电动机

在生产生活中，低压电器控制三相异步电动机是最常见的电力拖动电路。电路中器材的选择和电路的设计、安装、操作、检修是电工的必备技能。

本项目主要通过两个任务的实施来学习低压电器和三相异步电动机的基础知识。

【学习目标】

知识目标	1. 了解常用低压电器的主要类型及选择。 2. 掌握常用低压电器在电路图中的符号。 3. 了解常用低压电器的内部结构和工作原理。 4. 了解三相异步电动机的工作原理。 5. 掌握三相异步电动机两种连接方式及其检测方法。
能力目标	1. 能准确指出各低压电器的触点位置，熟悉对应的电路符号。 2. 掌握三相异步电动机星-三角联结。
素养目标	1. 培养学生的安全意识、职业素养和环保意识。 2. 培养学生的持续学习能力和创新能力。

任务一　常用低压电器的认识

【任务描述】

能够认识常用低压电器的外形，了解常用低压电器的作用、型号及电路符号，会对常用低压电器进行质量检测等。

【知识链接】

1. 交流接触器

交流接触器用于频繁地接通和分断交流电动机工作电流。

（1）交流接触器的结构　交流接触器的结构如图 8-1b 所示，交流接触器的主要构成如下：

1）电磁系统：用来操纵触点的闭合与分断，它由电磁线圈、衔铁（动铁心）及铁心（静铁心）组成。特别要认识电磁线圈的接线端和线圈的规格（工作电压和频率），均标注在线圈上。

a) 外形

b) 结构

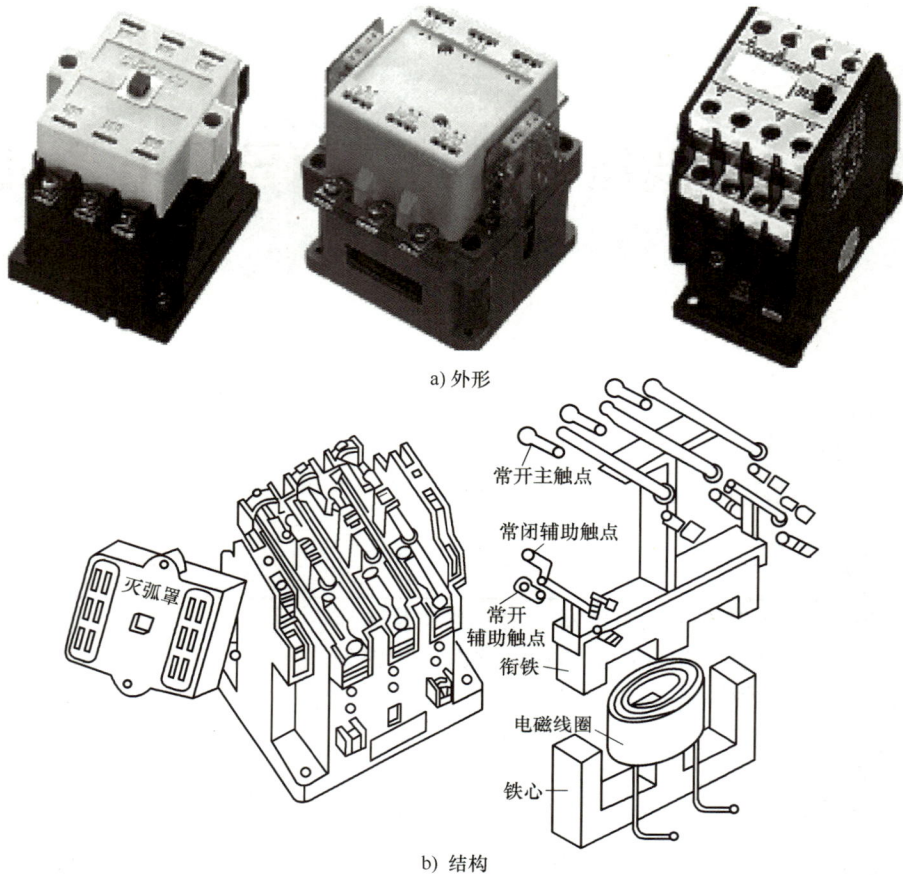

图 8-1　交流接触器的外形及结构

2）触点系统：用来接通和断开电路，有主触点和辅助触点两大类。辅助触点又分为常开和常闭两类触点。图 8-2 为交流接触器的触点类型，一般采用的是双断点桥式触点。

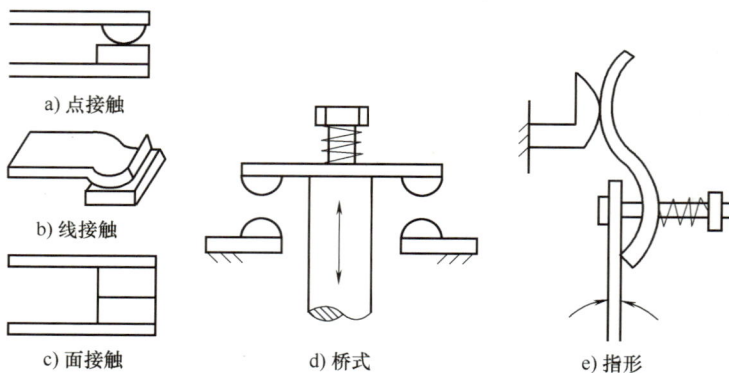

a) 点接触

b) 线接触

c) 面接触

d) 桥式

e) 指形

图 8-2　交流接触器的触点类型

3）灭弧系统：交流接触器的主触点在分断大电流时会在动、静触点之间产生很强的电弧，它会烧伤触点，还会使电路的分断时间延长，所以必须进行灭弧。规格在 10A（交流接触器主触点的额定工作电流）以下的交流接触器无灭弧装置。

（2）交流接触器的电路符号　交流接触器的电路符号如图 8-3 所示。文字符号为 KM。

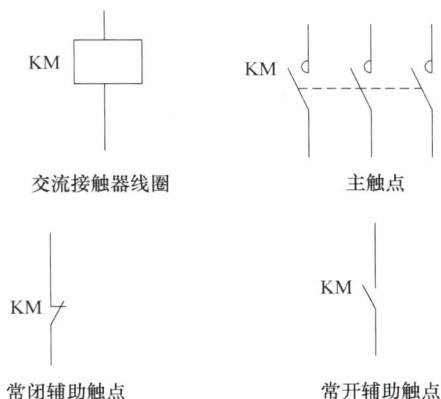

交流接触器线圈　　　　　　主触点

常闭辅助触点　　　　　　常开辅助触点

图 8-3　交流接触器的电路符号

（3）交流接触器的型号命名方法　我国交流接触器基本型号的命名方法如下：

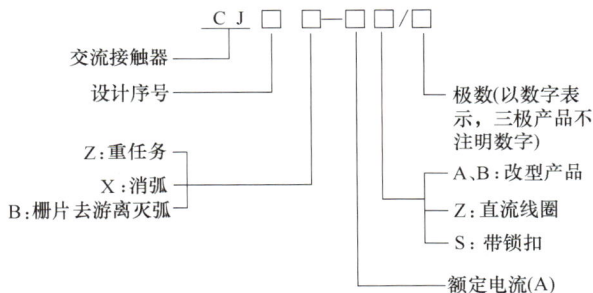

交流接触器
设计序号
Z：重任务
X：消弧
B：栅片去游离灭弧
额定电流(A)
S：带锁扣
Z：直流线圈
A、B：改型产品
极数(以数字表示，三极产品不注明数字)

（4）交流接触器的检测（见表 8-1）。

表 8-1　交流接触器的检测

检测项目	检测方法或万用表档位	检测结果	备注
主触点	万用表欧姆档	不动作时为 ∞；人为压下后接近 0Ω	
常开控制触点	万用表欧姆档	不动作时为 ∞；人为压下后接近 0Ω	
常闭控制触点	万用表欧姆档	不动作时为 0Ω；人为压下后为 ∞	
电磁线圈	万用表欧姆档	380V 电压约为 1.5kΩ 220V 电压约为 550Ω 127V 电压约为 190Ω	电压值为线圈的额定工作电压
机械部分	人为压下机械部分	压下和弹回过程顺利无卡阻	

2. 热继电器

电动机在运行过程中，如果长期过载（电流比正常偏大），熔断器不一定会熔断，这样就会引起电动机过热，破坏绕组的绝缘，缩短电动机的寿命。所以，一般用热继电器对电动机进行过热过载保护。热继电器是利用电流热效应工作的保护类电器。

（1）热继电器的结构　热继电器主要由热元件、动作机构、触点、整定电流调节旋钮和复位按钮 5 部分组成，在电路中能表示的是热元件和触点两个部分：热元件是接在主电路上的，它要通过电动机的工作电流，有三极和二极两种；控制触点是接在控制电路上的，实际中常用其常闭触点串联在控制电路中。热继电器的外形及结构如图 8-4 所示。

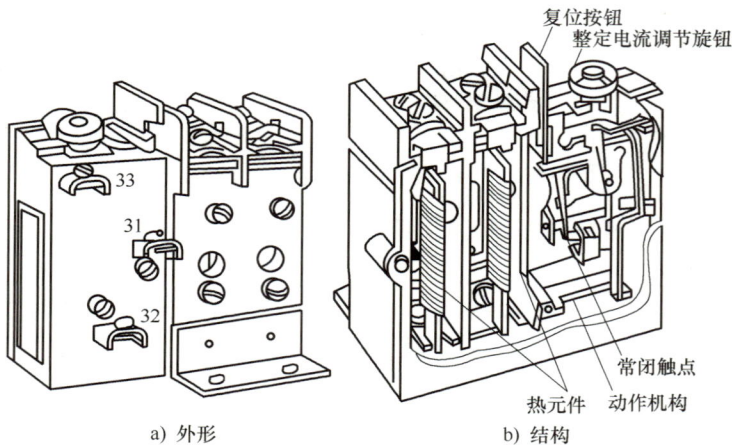

图 8-4　热继电器的外形及结构

（2）热继电器的电路符号　热继电器的电路符号如图 8-5 所示。文字符号为 FR。

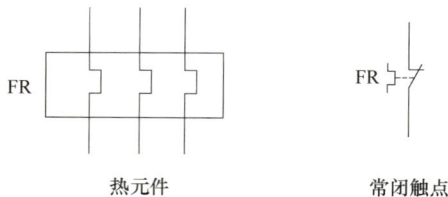

图 8-5　热继电器的电路符号

（3）热继电器的型号命名方法　我国热继电器型号的命名方法如下：

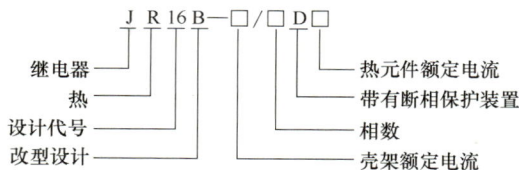

（4）热继电器的检测（见表 8-2）

表 8-2　热继电器的检测

检测项目	检测方法或万用表档位	检测结果
热元件	万用表欧姆档	接近 0Ω
常开控制触点	万用表欧姆档	不动作时为 ∞；动作后接近或为 0Ω
常闭控制触点	万用表欧姆档	不动作时接近或为 0Ω；动作后为 ∞
机械部分	拨动试验拨杆和复位按钮	内部机械装置能正常动作

3. 熔断器

熔断器在低压电器控制电路中是最常用的安全保护电器，用于对负载进行短路保护。熔断器的熔体在正常时相当于一根导线，当电路发生短路或严重过载时，熔体因过热熔化而切断电路实现保护，属于保护类电器。常见的低压熔断器有瓷插式（见图 8-6）、螺旋式（见图 8-7）等。

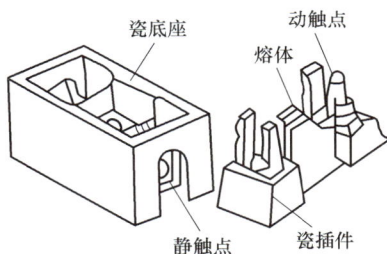

图 8-6 瓷插式熔断器

（1）熔断器的结构 熔断器主要由熔体和绝缘底座两部分组成，如图 8-8a 所示。

（2）熔断器的电路符号 熔断器的电路符号如图 8-8b 所示，文字符号为 FU。

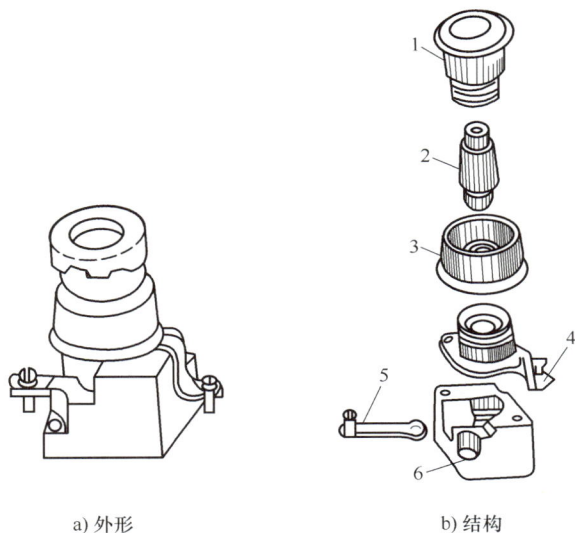

a) 外形   b) 结构

图 8-7 RL1 系列螺旋式熔断器

1—瓷帽 2—熔管 3—瓷套 4—上接线板 5—下接线板 6—底座

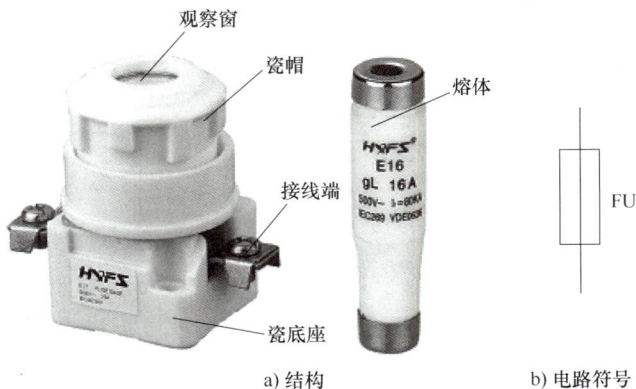

a) 结构   b) 电路符号

图 8-8 熔断器的结构和电路符号

（3）熔断器的型号命名方法 我国熔断器型号的命名方法如下：

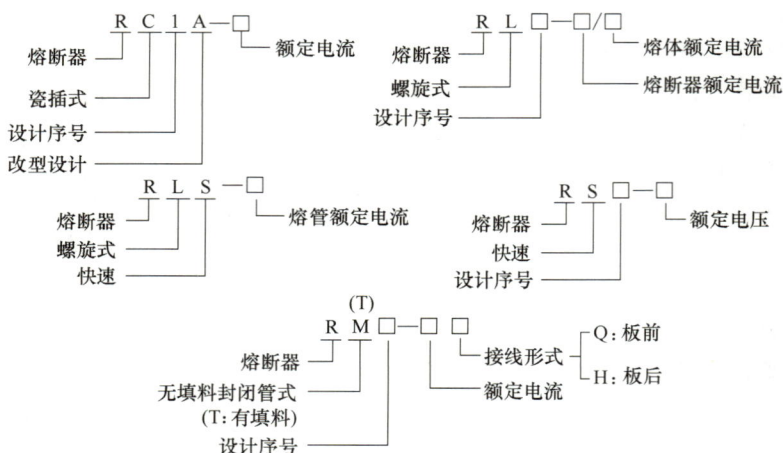

（4）熔断器的检测（见表8-3）

表 8-3　熔断器的检测

检测项目	检测方法或万用表档位	检测结果	实际测试值
熔体（熔芯）	万用表欧姆档	接近 0Ω	
熔断器底座	直观检查	无外观损坏、生锈、变形等	

4. 行程开关

行程开关又称为限位开关或位置开关，属于主令电器类。它由机械设备控制，按照生产机械部件位置的变化而改变电动机的工作情况。

（1）行程开关的结构和外形　行程开关主要由机械传动机构和控制触点（有常开控制触点和常闭控制触点）组成。行程开关的结构和外形如图8-9a所示。

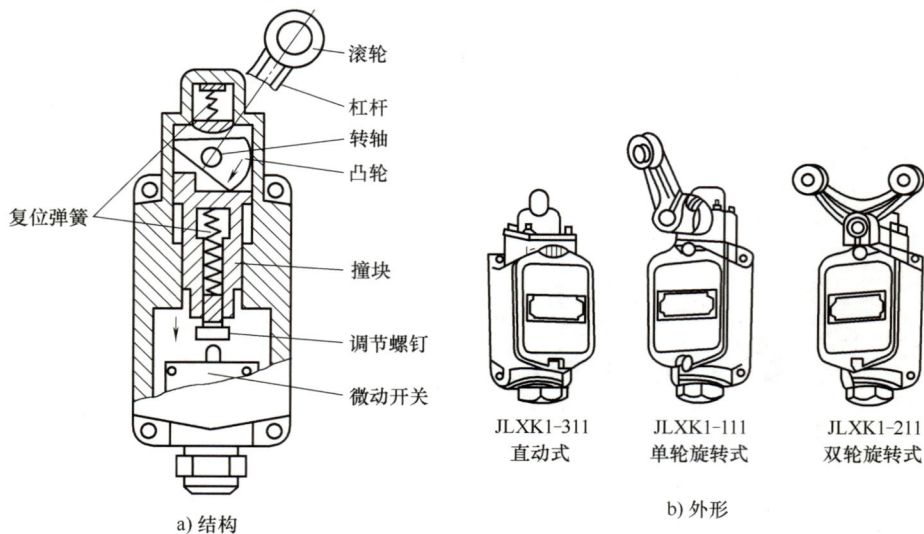

a) 结构　　　　　　　　　　b) 外形

图 8-9　行程开关的结构和外形

（2）行程开关的电路符号　行程开关的电路符号如图8-10所示，文字符号为SQ。

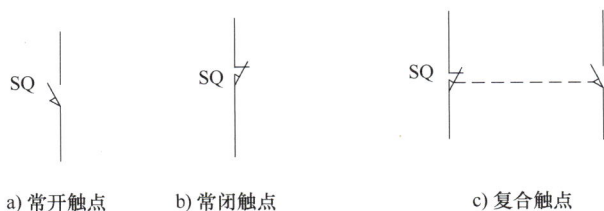

a) 常开触点　　　b) 常闭触点　　　　　c) 复合触点

图 8-10　行程开关的电路符号

（3）行程开关的型号命名方法　我国行程开关型号的命名方法如下：

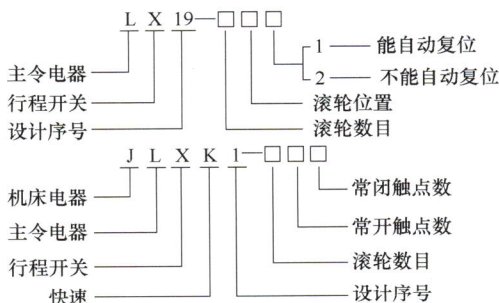

（4）行程开关的检测（见表 8-4）

表 8-4　行程开关的检测

检测项目	检测方法或万用表档位	检测结果
常开控制触点	万用表欧姆档	不动作时为∞；人为动作后接近或为 0Ω
常闭控制触点	万用表欧姆档	不动作时接近或为 0Ω；人为动作后为∞
机械部分	人为操作机械机构	触点能顺利动作

5. 按钮

按钮是一种手动的主令电器，有自动复位和不自动复位两类，我们用得比较多的是自动复位按钮。它由操作人员控制，向控制电路发出操作控制指令。

（1）按钮的结构　按钮主要由按钮机构和控制触点组成。控制触点有常开触点（一般用于起动）和常闭触点（一般用于停止）。按钮的结构如图 8-11b 所示。

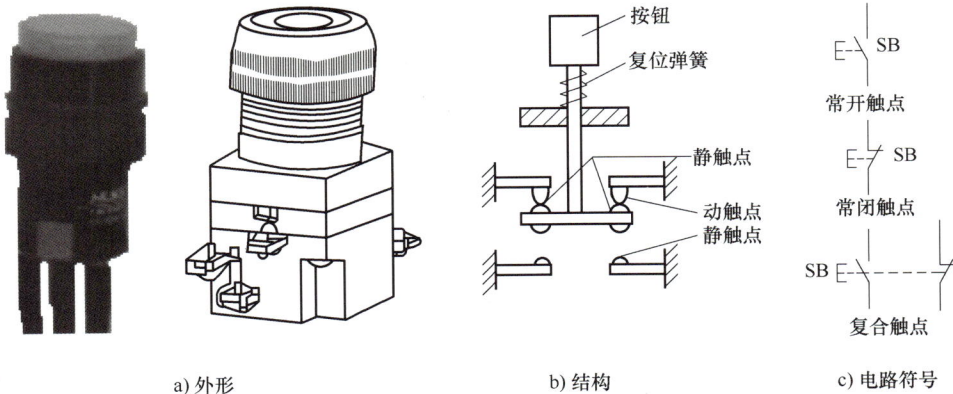

a) 外形　　　　　　　　b) 结构　　　　　　　c) 电路符号

图 8-11　按钮的外形、结构及电路符号

（2）按钮的电路符号　按钮的电路符号如图 8-11c 所示，文字符号为 SB。

（3）按钮的型号命名方法　我国按钮型号的命名方法如下：

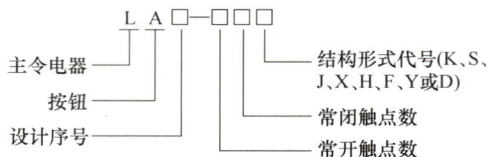

```
            L  A  □—□□□
主令电器 ─┘  │  │    │ │└─ 结构形式代号(K、S、
                              J、X、H、F、Y或D)
按钮 ────────┘  │    │ └── 常闭触点数
设计序号 ──────────┘    └─── 常开触点数
```

（4）按钮的检测（见表 8-5）

表 8-5　按钮的检测

检测项目	检测方法或万用表档位	检测结果
常开控制触点	数字式万用表欧姆档	不动作时为∞；人为动作后接近或为0Ω
常闭控制触点	数字式万用表欧姆档	不动作时接近或为0Ω；人为动作后为∞
机械部分	操作按钮	触点能顺利动作，机械自动复位

6. 断路器

常用的低压断路器如图 8-12 所示。断路器是低压配电网络和电力拖动系统中非常重要的一种电器，它集控制和多种保护功能于一身。除了能完成接通和分断电路外，还能对电路或电气设备发生的短路、严重过载及欠电压等进行保护，同时也可以用于不频繁地起动电动机。

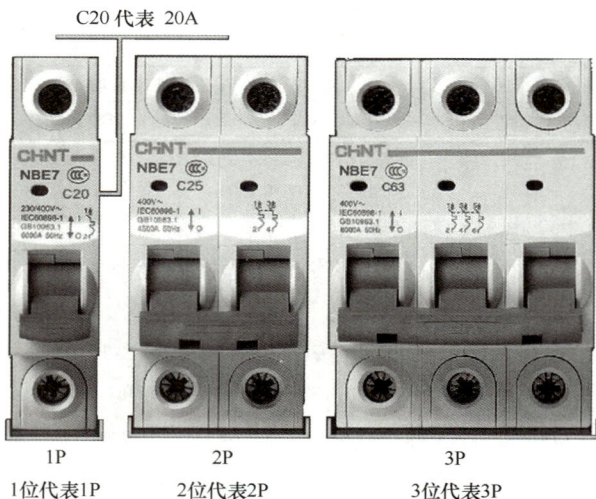

图 8-12　常用低压断路器

断路器的检测见表 8-6。

表 8-6　断路器的检测

检测项目	检测方法或万用表档位	检测结果
触点	万用表欧姆档	开关断开时为∞；开关合上后接近或为0Ω
机械部分	人为操作	能顺利动作且接触正常

7. 时间继电器

时间继电器用于需要进行延时控制的电路中。常见的有电磁式、电动式、空气阻尼式和电子式等几种。根据延时控制的先后又分为通电延时（线圈通电后延时触点延时动作）和断电延时（线圈断电后延时触点延时复位）两种。

（1）空气阻尼式时间继电器的结构　空气阻尼式时间继电器主要由电磁线圈、控制触点（分瞬时触点和延时触点两类）和延时装置等几部分组成。空气阻尼式时间继电器的结构如图 8-13b 所示。

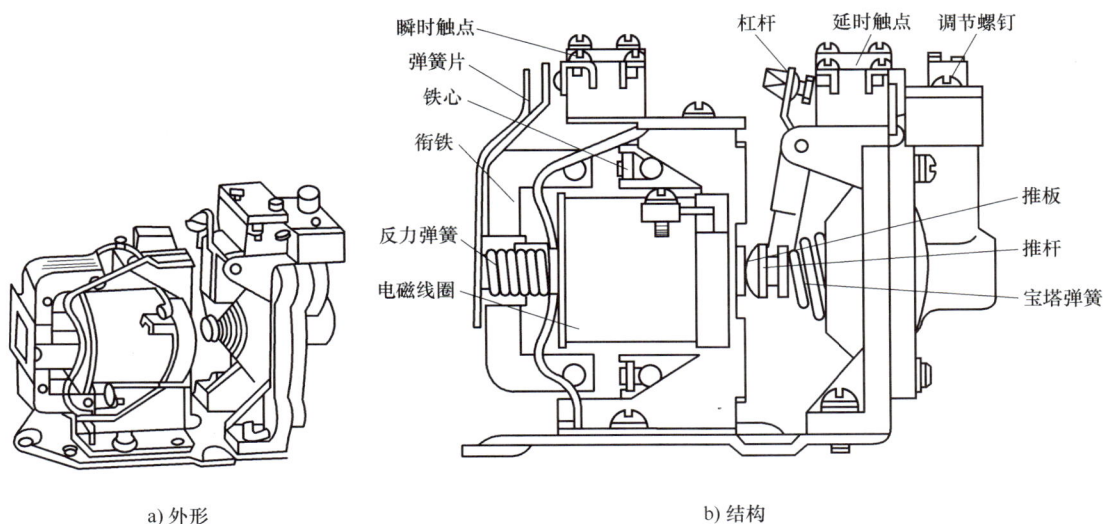

a) 外形　　　　　　　　　　　　　　　　　　b) 结构

图 8-13　空气阻尼式时间继电器的外形及结构

（2）时间继电器的电路符号　时间继电器的电路符号比较复杂，如图 8-14 所示，文字符号为 KT。

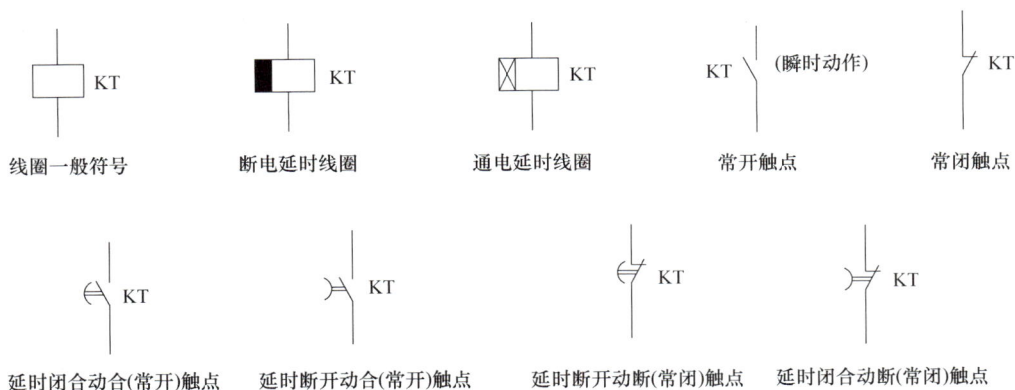

线圈一般符号　　　断电延时线圈　　　通电延时线圈　　　常开触点　　　常闭触点

延时闭合动合(常开)触点　　延时断开动合(常开)触点　　延时断开断(常闭)触点　　延时闭合动断(常闭)触点

图 8-14　时间继电器的电路符号

（3）时间继电器的型号命名方法　我国时间继电器型号的命名方法如下：

```
              J S 7 — □ A
                          └─── 结构设计稍有改动
  继电器 ─┘ │ │
    时间 ──┘ │                         ┌─ 1：通电延时，无瞬时触点
  设计序号 ─┘              基本规格代号 ─┤─ 2：通电延时，有瞬时触点
                                       ├─ 3：断电延时，无瞬时触点
                                       └─ 4：断电延时，有瞬时触点

              J S 23 — □ / □
  继电器 ─┘ │ │        │           安装方式 ─┬─ 1：螺钉安装式
    时间 ──┘ │        │                      └─ 2：卡轨安装式
  设计序号 ─┘         └── 延时时间 ─┬─ 1：0.2～30s
                                    └─ 2：10～180s
```

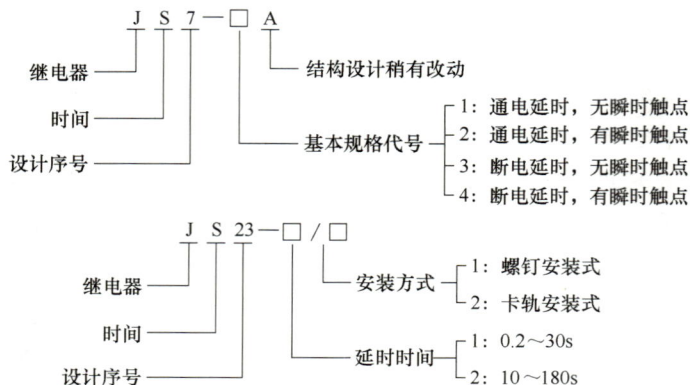

（4）时间继电器的检测（见表 8-7）

表 8-7　时间继电器的检测

检测项目	检测方法或万用表档位	检测结果	备注
常开控制触点	万用表欧姆档	不动作时为∞；人为压下后接近或为0Ω	包含瞬时触点和延时触点
常闭控制触点	万用表欧姆档	不动作时接近或为0Ω；人为压下后为∞	
电磁线圈	万用表欧姆档	380V 电压约为 1.5kΩ 220V 电压约为 550Ω 127V 电压约为 190Ω	电压值为线圈工作电压
机械部分	延时机构检测	通过调节延时时间，观察触点的延时动作情况	

【任务实施】

1）认识交流接触器，完成表 8-8。

表 8-8　交流接触器

型号	参数规格描述	主触点数量及电流	控制触点数量	线圈工作电压及电阻	检测结果

2）认识热继电器，完成表 8-9。

表 8-9　热继电器

型号	参数规格描述	热元件数量及电流调节范围	控制触点数量	检测结果

3）认识熔断器，完成表8-10。

表 8-10　熔断器

型号	参数规格描述	熔体规格	底座规格	检测结果

4）认识行程开关，完成表8-11。

表 8-11　行程开关

型号	参数规格描述	机械传动方式	控制触点数量	检测结果

5）认识按钮，完成表8-12。

表 8-12　按钮

型号	参数规格描述	常开触点数量	常闭触点数量	检测结果

6）认识断路器，完成表8-13。

表 8-13　断路器

型号	参数规格描述	最大电流	检测结果

7）认识时间继电器，完成表8-14。

表 8-14　时间继电器

型号	参数规格描述	瞬动触点数量	延时触点数量	线圈工作电压及电阻	检测结果

【学习评价】

本教学任务评价见表8-15。

表 8-15　本教学任务评价

学生姓名		日期		自评	组评	师评
应知知识(25分)						
序号	评价内容					
1	交流接触器符号识别(5)					
2	热继电器符号识别(3)					
3	熔断器符号识别(2)					
4	行程开关符号识别(3)					
5	按钮符号识别(3)					
6	断路器符号识别(2)					
7	时间继电器符号识别(7)					
技能操作(55分)						
序号	评价内容	考核要求	评价标准			
1	交流接触器外形认识及检测(8)	能正确识别检测主触点、辅助触点及线圈好坏	不认识扣2分,不能检测触点或线圈好坏,每处扣2分			
2	热继电器外形认识及检测(7)	能正确识别检测辅助触点及热元件的好坏	不认识扣2分,不能检测好坏,每处扣2分			
3	熔断器外形认识及检测(6)	能正确识别检测熔体及底座	不认识扣2分,不能检测好坏,每处扣2分			
4	行程开关外形认识及检测(7)	能正确识别检测触点的好坏	不认识扣2分,不能检测好坏,每处扣2分			
5	按钮外形认识及检测(7)	能正确识别检测触点的好坏	不认识扣2分,不能检测好坏,每处扣2分			
6	断路器外形认识及检测(7)	能正确识别检测触点的好坏	不认识扣2分,不能检测好坏,每处扣2分			
7	时间继电器外形认识及检测(13)	能正确识别检测控制触点及线圈好坏	不认识扣2分,不能检测触点或线圈好坏,每处扣1分			
学生素养(20分)						
序号	评价内容	考核要求	评价标准			
1	操作规范(10分)	安全文明操作,实训养成	1. 无违反安全文明操作规程,未损坏元器件及仪表 2. 操作完成后器材摆放有序,实训台整理达到要求,实训室干净清洁,根据实际情况进行扣分			
2	团队配合(10分)	团队协作,自我约束能力	小组团结协作精神,考勤认真对待,操作认真仔细,根据实际情况进行扣分			
综合评价						

任务二 三相异步电动机的检测与连接

【任务描述】

能用万用表检测三相异步电动机的绕组及同名端;会使用绝缘电阻表测量三相异步电动机的绝缘电阻;能完成三相异步电动机绕组的丫-△联结。

【知识链接】

三相异步电动机的检测内容主要有电动机同一相绕组的查找、电动机绕组同名端的检测、绝缘电阻表的使用、电动机绝缘电阻检测及电动机端部连接。具体检测与连接见表8-16。

表8-16 三相异步电动机的具体检测与连接

项目	方法及步骤
电动机同一相绕组的查找	将万用表置于2kΩ档(其他欧姆档也可以),分别测量三相异步电动机6个定子绕组引出端之间的电阻:电阻小的两端之间为同一相绕组,电阻值为∞的不是同一相绕组。找到后将同一相引出端做上标记(可将同一相合起来打一个结)
电动机绕组同名端的检测	数字式万用表置于最小直流电流档,红黑表笔分别接三相绕组中的任一相,然后找一节9V的电池(可以取出万用表内的电池)接到另外的任一相绕组两端,观察电池正极断开绕组的瞬间万用表读数的正负:如果读数为正,说明电池正极所接绕组端与万用表红表笔所接端为同名端;否则为异名端。再将电池换到剩下的一相绕组,重新进行上述测量,即可找出另一相绕组的同名端 检验:上述判断结果是否正确可以进行检验。检验方法:将3个同名端连在一起(三相绕组的3个头端连接在一起,三个尾端连接在一起),再分别接到万用表红黑表笔上,万用表仍置于最小直流电流档。快速转动电动机的转子,观察万用表读数,如果变化极小,说明判断结果正确

（续）

项目	方法及步骤
手摇发电式绝缘电阻表的使用	L 端为线路端，E 端为接地端，G 端为保护环 手摇发电式绝缘电阻表好坏的检查方法是：将两支表笔分开，以 120r/min 匀速转动手柄，手摇发电式绝缘电阻表的指针应当指到 ∞ 位置；然后将表笔短接，轻摇手柄，指针应回零 注意：绝缘电阻表表笔短接时不得长时间转动手柄，这样容易烧毁内部的发电机
电动机绝缘电阻的检测	电动机三相绕组之间绝缘电阻的测量：将绝缘电阻表两支表笔（L 端和 E 端）分别接到电动机的两相绕组其中一端，以 120r/min 匀速转动手柄，观察指针指示的数值，读数的单位为 MΩ，就是这两相之间绝缘电阻。这样分别测量三相中两相之间的相间绝缘电阻共 3 次 电动机绕组对地绝缘电阻的测量：将绝缘电阻表的 L 端表笔接一相绕组的任一端，E 端表笔接电动机外壳，以 120r/min 匀速转动手柄，观察指针指示的数值，读数的单位为 MΩ，就是该相对地绝缘电阻。这样分别测量三相对地绝缘电阻共 3 次 上述测量的 6 个绝缘电阻均应大于 1.5MΩ
电动机端部的连接	

接三相电源 Y 联结　　　接三相电源 △ 联结

【任务实施】

1）查找电动机的同一相绕组，并在图 8-15 中标注出来。

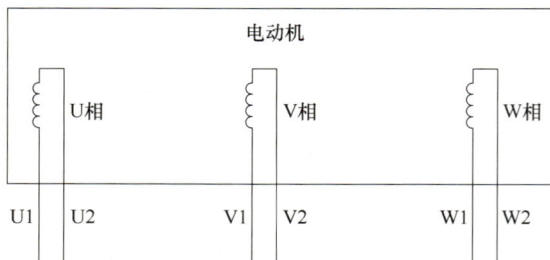

图　8-15

2）检测电动机绕组同名端，并在图 8-15 中标注出来。

3）检查绝缘电阻表。

4）检测电动机的绝缘电阻，并将结果填写在表 8-17 中。

表 8-17 电动机绝缘电阻的检测

相间绝缘电阻/MΩ			绕组对地绝缘电阻/MΩ		
U-V 相间	U-W 相间	V-W 相间	U 相	V 相	W 相

5）完成电动机端部连接。

【学习评价】

本教学任务评价见表 8-18。

表 8-18 本教学任务评价

学生姓名		日期		自评	组评	师评
技能操作（80分）						
序号	评价内容	考核要求	评价标准			
1	电动机同一相绕组的查找（15分）	能正确查找电动机三相绕组	不会查找扣15分，找错一相扣5分			
2	电动机绕组同名端的检测（20分）	能正确检测电动机绕组同名端	不会检测扣20分，不会检验扣5分，找错一相扣5分			
3	兆欧表的使用（10分）	能正确使用兆欧表	不会检查绝缘电阻表扣10分，操作不当扣5分			
4	电动机绝缘电阻的检测（20分）	能正确检测电动机绝缘电阻	不会检测相间绝缘电阻扣10分，不会检测绕组对地绝缘电阻扣10分			
5	电动机端部的连接（15分）	能正确进行电动机端部连接	不能进行电动机定子绕组的丫联结扣5分，不能进行电动机定子绕组的△联结扣5分			
学生素养（20分）						
序号	评价内容	考核要求	评价标准			
1	操作规范（10分）	安全文明操作，实训养成	1. 无违反安全文明操作规程，未损坏元器件及仪表 2. 操作完成后器材摆放有序，实训台整理达到要求，实训室干净清洁，根据实际情况进行扣分			
2	团队配合（10分）	团队协作，自我约束能力	小组团结协作精神，考勤认真对待，操作认真仔细，根据实际情况进行扣分			
综合评价						

【项目小结】

本项目主要学习了：

1. 常用低压电器的结构、电路符号、型号命名方法及检测方法。

2. 三相异步电动机的检测和连接方法。

【巩固练习】

1. 交流接触器常开触点在器件上的标注为_____，常闭触点的标注为_____。

2. 简述交流接触器的工作原理。

3. 交流接触器的文字符号为_____，热继电器的文字符号为_____。

4. 三相异步电动机常见的连接方法有_____和_____。

5. 检测三相异步电动机的绝缘电阻通常使用_____，检测前要先对仪表进行开路检查和_____检查。检测绝缘电阻时手摇的速度为_____。

项目九　三相异步电动机的起停控制

电动机在按照生产机械的要求运转时，需要一定的电气装置组成控制电路。由于生产机械的动作各有不同，它所要求的控制电路也不一样，但各种控制电路总是由一些基本控制环节组成。

电动机的控制电路通常由电动机、控制电器、保护电器与生产机械及传动装置组成，即任何一台设备的电气控制电路，总是由主电路和控制电路两大部分组成，而控制电路又可分为若干个基本控制电路或环节。

常用电动机的基本控制电路有以下几种：

常用电动机的基本控制电路	种类						
	点动控制	正反转控制	位置控制	顺序控制	减压起动控制	调速控制	自动控制

【学习目标】

知识目标	1. 能够识读点动控制电路。 2. 能够识读连续运转控制电路。 3. 能区分主电路和控制电路。
能力目标	1. 能够正确安装点动控制电路。 2. 能够正确安装连续运转控制电路。
素养目标	1. 改善学生的职业行为习惯。 2. 提高学生的责任心和创新意识。

任务一　点动控制电路的安装与调试

【任务描述】

能正确识读三相异步电动机点动控制电路，并按照图9-1所示安装点动控制电路板。安装完成后的点动控制电路板如图9-2所示。

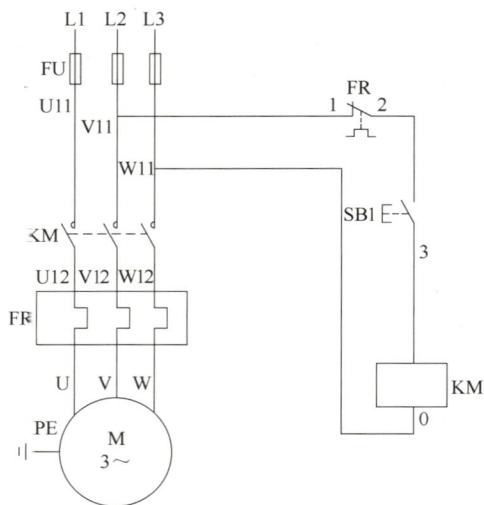

图 9-1　三相异步电动机点动控制电路原理图

图 9-2　三相异步电动机点动控制电路板

【知识链接】

1. 电路结构识读

电路结构识读内容见表 9-1。

表 9-1　电路结构识读内容

识读项目	电路组成	电路功能特点
主电路识读	熔断器 FU；交流接触器 KM 的 3 个主触点；热继电器 FR 的热元件；电动机 M	短路保护；过热保护；失电压、欠电压保护
控制电路识读	热继电器 FR 的常闭触点（1—2）；起动按钮 SB1（2—3）；交流接触器 KM 的线圈（3—0）	

主电路：电动机电流通过的路径称为主电路。

控制电路：完成对主电路控制的电路称为控制电路。

除了主电路和控制电路之外，还有照明电路、指示电路等其他电路。

2. 电路工作原理识读

电路工作原理如下：

按下 SB1→KM 线圈（3—0）通电吸合→KM 主触点闭合→电动机 M 通电运转

松开 SB1→KM 线圈（3—0）断电释放→KM 主触点断开→电动机 M 停止转动

【任务实施】

1. 三相异步电动机点动控制电路的识读

画出点动控制电路，完成表 9-2。

表 9-2　点动控制电路

主电路构成	控制电路构成	使用低压电器及数量

2. 三相异步电动机点动控制电路的安装

1）实训器材清单见表 9-3。

表 9-3　实训器材清单

编号	种类	名称	型号	单位	数量
1	器材	交流接触器	CJT1-10	个	1
2		热继电器	Y112M-4	个	1
3		熔断器	RL1-15	个	3
4		按钮	LA4-3H	个	1
5		接线排	TD-1520	排	2
6		控制板	500mm×700mm	块	1
7	电工工具	电工工具	基本电工工具	套	1
8		万用表	MF47	只	1
9	耗材	单芯铝硬线（蓝色和红色两种）	BLV-2.5mm^2	m	若干
10		多芯蓝色软线	BVR-1mm^2	m	若干
11		接线端子	UT1-4	颗	若干
12		号码管（异型管）	ϕ1.5 mm	m	若干
13		紧固件（螺钉、螺母及垫片）	M4×20mm	颗	若干

2）实训电路板器件的组装。

实训电路板上的器件按图 9-3 位置进行布局，每个器件按图固定。

3）实训电路板线路连接。

① 配线：主电路用红色硬铝线，控制电路进出按钮的线用多芯蓝色软线，其他部分用蓝色硬铝线（因为是练习，为节约成本，用铝线替代铜线）。

② 线头处理：熔断器接线端做羊眼圈（应为顺时针圈），按钮接线端用接线钗，其他器件接线端不处理，剥出相应长度的线头就行。线头处理前先套号码管（可以是空白管，线路安装完后标注），按图 9-3 编号标注。

③ 布线工艺要求：布线横平竖直，转角圆滑呈 90°；长线沉底，走线成束；线槽引出线不交叉，选线正确；线头不裸露，羊眼圈弯曲正确，软线头处理良好，线头不松动；一处接线端接线数量不超过两根；按钮选用颜色合理；整体工艺美观。

④ 布线顺序：进行安装电路板训练时，建议先安装主电路，逐步熟悉器件各接线端，然后再安装控制电路，装线的顺序是从上到下、从左到右，依此将每一个编号安装完。

电工技能实训

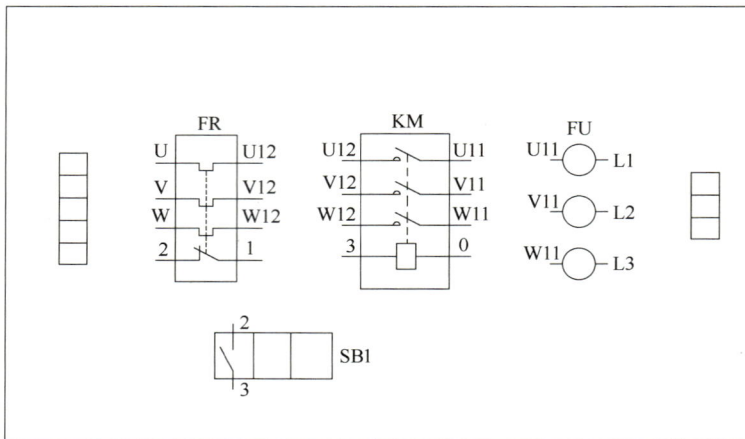

图 9-3　点动控制电路板接线图

3. 实训电路板的检查

1）检查布线：对照接线图检查有无错装、漏装、未编号、编错号、接头松动等现象。

2）万用表检测：根据原理图检查是否有短路、开路或接线错误的现象。按表 9-4 中的内容检查。

表 9-4　点动控制电路检查表

编号	步骤	检查电路	检测方法	测试点	正常测试结果
1	只按交流接触器（手动）	主电路	万用表 4kΩ 档	L1-U、L2-V、L3-W 之间电阻	阻值接近或为 0Ω
2	只按 SB1	控制电路		V11-W11 之间电阻	阻值约为 1.5kΩ

【学习评价】

本教学任务评价见表 9-5。

表 9-5　本教学任务评价

学生姓名		日期		自评	组评	师评
应知知识(20分)						
序号	评价内容					
1	主电路识读(8)					
2	控制电路识读(6)					
3	电路器材类型及数量(6)					
技能操作(60分)						
序号	评价内容	考核要求	评价标准			
1	接线原理（40分）	严格按原理图接线，接线正确，通电试板成功	严格按原理图接线，通电试板成功得40分；通电试板不成功，接线正确得30分；不按原理图接线不得分			

（续）

技能操作（60分）							
序号	评价内容	考核要求	评价标准				
2	外观质量（10分）	布线横平竖直，转角圆滑呈90°，长线沉底，走线成束；线槽引出线不交叉，选线正确	一处不合格扣1分；交叉一处扣1分；不符合要求不得分				
3	线头处理（10分）	线头不裸露，软线头处理良好，线头不松动	线头裸露长度>1mm，一处扣1分；软线头凌乱，一处扣1分；线头松动，一处扣1~2分				

学生素养（20分）							
序号	评价内容	考核要求	评价标准				
1	操作规范（10分）	安全文明操作，实训养成	1. 无违反安全文明操作规程，未损坏元器件及仪表 2. 操作完成后器材摆放有序，实训台整理达到要求，实训室干净清洁，根据实际情况进行扣分				
2	团队配合（10分）	团队协作，自我约束能力	小组团结协作精神，考勤认真对待，操作认真仔细，根据实际情况进行扣分				
综合评价							

任务二　单向连续运转控制电路的安装与调试

【任务描述】

点动控制电路的特点是采用了接触器控制，因此控制安全，达到了以小电流控制大电流的目的。对需要较长时间运行的电动机，用点动控制是不方便的，因为一旦放开按钮SB，电动机立即停转。因此，对于连续运行的电动机用点动控制不方便，可在点动控制的基础上，保持主电路不变而在控制电路中加自锁功能即可成为具有自锁功能的电动机单向连续运转控制电路，其实物图如图9-4所示。

【知识链接】

三相异步电动机单向连续运转控制电路原理图如图9-5所示。

1. 电路结构识读

电路结构识读内容见表9-6。

图9-4　单向连续运转控制电路实物图

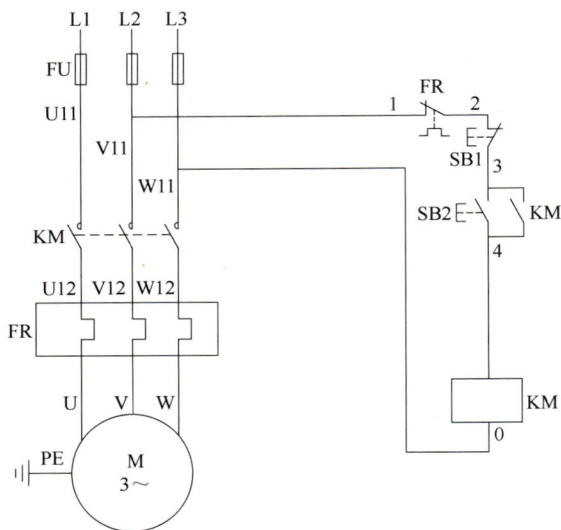

图 9-5　单向连续运转控制电路原理图

表 9-6　电路结构识读内容

识读项目	电路组成	电路功能特点
主电路识读	熔断器 FU；交流接触器 KM 的 3 个主触点；热继电器 FR 的热元件；电动机 M	短路保护；过热保护；失电压、欠电压保护
控制电路识读	热继电器 FR 的常闭控制触点（1—2）；停止按钮 SB1（2—3）；起动按钮 SB2（3—4）；交流接触器线圈 KM（4—0）；KM 常闭控制触点（3—4）	在交流接触器线圈支路的起动按钮两端并联自身交流接触器常开控制触点，就构成了自锁控制

2. 电路工作原理识读

电路工作原理如下：

【任务实施】

1. 三相异步电动机单向连续运转控制电路的识读

画出连续运转控制电路，完成表 9-7。

表 9-7　连续运转控制电路

主电路构成	控制电路构成	使用低压电器及数量

（续）

主电路构成	控制电路构成	使用低压电器及数量
电路工作流程		

2. 三相异步电动机单向连续运转控制电路的安装

1）实训器材清单见表9-8。

表 9-8　实训器材清单

编号	种类	名称	型号	单位	数量
1	器材	交流接触器	CJT1—10	个	1
2		热继电器	Y112M—4	个	1
3		熔断器	RL1—15	个	3
4		按钮	LA4—3H	个	1
5		接线排	TD—1520	排	3
6		控制板	500mm×700mm	块	1
7	电工工具	电工工具	基本电工工具	套	1
8		万用表	MF47	只	1
9	耗材	单芯铝硬线（蓝色和红色两种）	BLV-2.5mm^2	m	若干
10		多芯蓝色软线	BVR-1mm^2	m	若干
11		接线端子	UT1-4	颗	若干
12		号码管（异型管）	ϕ1.5mm	m	若干
13		紧固件（螺钉、螺母及垫片）	M4×20mm	颗	若干

2）实训电路板器件的组装。

实训电路板上的器件按图9-6位置进行布局，每个器件按图固定。

3）实训电路板线路连接。

① 配线：主电路用红色硬铝线，控制电路进出按钮的线用多芯蓝色软线，其他部分用蓝色硬铝线。

② 线头处理：熔断器接线端做羊眼圈（应为顺时针圈），按钮接线端用接线钗，其他器件接线端不处理，剥出相应长度的线头就行。线头处理前先套号码管（可以是空白管，线路安装完后标注），按图9-6编号标注。

③ 布线工艺要求：布线横平竖直，转角圆滑呈90°；长线沉底，走线成束；线槽引出线不交叉，选线正确；线头不裸露，羊眼圈弯曲正确，软线头处理良好，线头不松动；一处接线端接线数量不超过两根；按钮选用颜色合理；整体工艺美观。

④ 布线顺序：进行安装电路板训练时建议先安装主电路，逐步熟悉器件各接线端，然后再安装控制电路，装线的顺序是从上到下、从左到右，依此将每一个编号安装完。

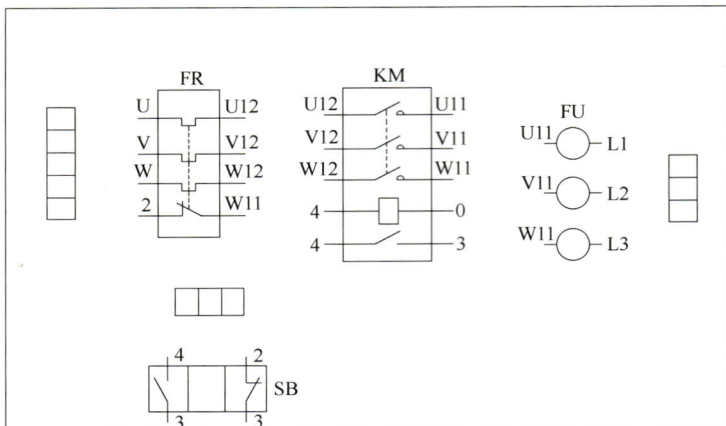

图 9-6　单向连续运转控制电路板接线图

3. 实训电路板的检查

1）检查布线：对照接线图检查有无错装、漏装、未编号、编错号、接头松动等现象。

2）万用表检测：根据原理图检查是否有短路、断路或接线错误的现象。按表 9-9 中的内容检查。

表 9-9　单向连续运转控制电路检查表

编号	步骤	检查电路	检测方法	测试点	正常测试结果
1	只按交流接触器（手动）	主电路	万用表 400Ω 档	L1-U、L2-V、L3-W 之间电阻	3 个阻值接近 0Ω
2	只按 SB2	控制电路:起动功能	万用表 4kΩ 档	V11-W11 之间电阻	阻值约为 1.5kΩ
3	只按交流接触器（手动）	控制电路:自锁功能			阻值约为 1.5kΩ
4	先按 SB2，再按 SB1	控制电路:停止功能			只按 SB2 时约为 1.5kΩ，再按 SB1 后为 ∞
5	先按 SB2,再按 FR 试验按钮	控制电路:过热保护功能			只按 SB2 时约为 1.5kΩ，再按 FR 后为 ∞

【学习评价】

本教学任务评价见表 9-10。

表 9-10　本教学任务评价

学生姓名		日期		自评	组评	师评
应知知识(20 分)						
序号	评价内容					
1	主电路识读(8)					
2	控制电路识读(6)					
3	电路器材类型及数量(6)					

（续）

技能操作（60 分）							
序号	评价内容	考核要求	评价标准				
1	接线原理（40 分）	严格按原理图接线，接线正确，通电试板成功	严格按原理图接线，通电试板成功得 40 分；通电试板不成功，接线正确得 30 分；不按原理图接线不得分				
2	外观质量（10 分）	布线横平竖直，转角圆滑呈 90°，长线沉底，走线成束；线槽引出线不交叉，选线正确	一处不合格扣 1 分；交叉一处扣 1 分；不符合要求不得分				
3	线头处理（10 分）	线头不裸露，软线头处理良好，线头不松动	线头裸露长度>1mm，一处扣 1 分；软线头凌乱，一处扣 1 分；线头松动，一处扣 1~2 分				
学生素养（20 分）							
序号	评价内容	考核要求	评价标准				
1	操作规范（10 分）	安全文明操作，实训养成	1. 无违反安全文明操作规程，未损坏元器件及仪表2. 操作完成后器材摆放有序，实训台整理达到要求，实训室干净清洁，根据实际情况进行扣分				
2	团队配合（10 分）	团队协作，自我约束能力	小组团结协作精神，考勤认真对待，操作认真仔细，根据实际情况进行扣分				
综合评价							

【项目小结】

本项目主要学习了：

1. 三相异步电动机点动运行控制电路的电路结构、工作原理及安装、调试方法。
2. 三相异步电动机单向连续运转控制电路的电路结构、工作原理及安装、调试方法。

【巩固练习】

1. 简述三相异步电动机点动控制电路的工作原理。
2. 简述三相异步电动机单向连续运转控制电路的工作原理。
3. 三相异步电动机点动控制电路为什么不用热继电器作过载保护？

参 考 文 献

［1］ 周绍敏. 电工技术基础与技能 ［M］. 北京：高等教育出版社，2010.
［2］ 坚葆林. 电工电子技术与技能 ［M］. 3 版. 北京：机械工业出版社，2020.
［3］ 罗挺前. 电工与电子技术 ［M］. 2 版. 北京：高等教育出版社，2008.
［4］ 邢迎春，葛廷友. 电工基础 ［M］. 4 版. 北京：北京航空航天大学出版社，2016.
［5］ 聂广林. 电工技能与实训 ［M］. 重庆：重庆大学出版社，2007.
［6］ 曾祥富，张秀坚. 电工技能与实训 ［M］. 4 版. 北京：高等教育出版社，2021.
［7］ 翟富林. 电工技能与实训 ［M］. 大连：大连理工大学出版社，2012.
［8］ 郑先锋，王小宇. 电工技能与实训 ［M］. 2 版. 北京：机械工业出版社，2015.